やみつき算数ドリル

YAMITSUKI

むずかしめ

小学校6年間の算数をあそびながらマスター!!

りんご塾代表
田邉 亨

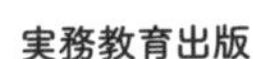

実務教育出版

本書を手にしてくださったお母さん、お父さんへ

「没頭は最高の学び」。それが、私の20年以上に渡る「パズルで思考力を育む」指導経験から確信したことです。ご存じの通り、幼児や小学生が自発的に将来のことを考えて勉強することはまずありません。それでいいのです。彼らは本能的に「知りたいから興味を持ち、面白いから学ぶ」のです。

しかし、ここ日本では本能は、ときに制約を受けます。人は、自分にとって理不尽な状況に長く置かれるとその状況を疑います。ですから、お子さんから勉強の意味を問われたなら、その状況は「異常」だと考えなくてはいけません。それは、自分の本能が拒否することを押しつけられていることにほかならないからです。

マジメな親ほど「この子の将来のために」と、テストで１点でも高い点を取らせようとします。そしてささいなミスを責め、他人と比較します。繰り返しますが、子どもに「なんで勉強しなくちゃいけないの？」と言わせたら負けなのです。幸せな状況にいる時、人は人生の意味を問いません。「自分がなぜこのような状況にあるのか」などと疑問に思ったりしません。

親ができるのは、環境を与え、見守ることだけ。このドリルも一つの「環境」です。その子が夢中になって取り組むなら、それが人間本来の姿です。環境が正しいかどうかは、テストの点数ではなく子どもの姿が教えてくれます。

私たちが子どもに望むのは、より幸せに生きること。幸せに生きる力は、能動的な「学び」からしか身につきません。このドリルが、お子さん（とあなた、あなたの親御さんまでも）が人生100年時代をより幸せに生きることの一助になれば、これほど嬉しいことはありません。

田邉 亨

この本を手にしたキミへ

キミは、パズルが好きかな？ もしそうなら、なにも言うことはない。好きなだけ、ごはんを一回抜いても平気なくらいこの本にハマってほしい。そのうちパズルはもちろん、ますます算数や考えることが得意になって、いつのまにかその道の「プロ」になれちゃうかもしれない。だから、安心して自分の「好き」を突きつめてほしい。

でも、もしかしたら、パズルがニガテな子もいるかもしれないね。そんなキミでも、安心してほしい。僕ができるだけわかりやすく解説した、パズルのとき方の動画も用意している。動画はYouTubeで見られるから、何度でも見てとき方を考えてみてほしい（動画の見かたは8ページにあるよ）。

一つだけ言えるのは、「この本は絶対にキミを裏切らない」ということ。本ごとにレベル分けはしてあるけれど、どの問題も「楽勝」じゃない。ときにはあきらめそうになるかもしれない。でも、うんうん頭をひねって考えた経験は、間ちがいなくキミの宝ものになる。だから、考えることに疲れたら、好きなことで遊んだり、この本の中のパンダみたいにダラーッとしたり、おいしいおやつを食べてからまたこの本に戻ってきてもらえたらうれしいな。

いつかキミからこの本の感想を聞かせてもらえるのを、楽しみにしています。

田邉 亨

この本の使いかた

単元ごとに「HOP」「STEP」「JUMP」の3つでできているよ。

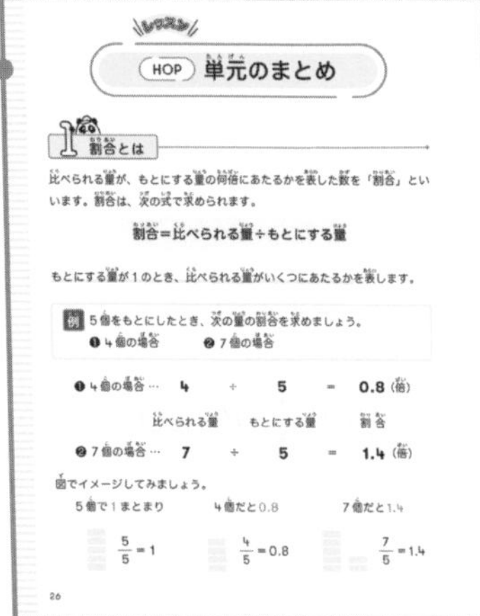

レッスン

HOP 単元のまとめ

1 割合とは

比べられる量が、もとにする量の何倍にあたるかを表した数を「割合」といいます。割合は、次の式で求められます。

割合＝比べられる量÷もとにする量

もとにする量が1のとき、比べられる量がいくつにあたるかを表します。

例 5個をもとにしたとき、次の量の割合を求めましょう。
❶ 4個の場合　❷ 7個の場合

❶ 4個の場合… 4 ÷ 5 ＝ 0.8（倍）
比べられる量　もとにする量　割合
❷ 7個の場合… 7 ÷ 5 ＝ 1.4（倍）

図でイメージしてみましょう。

5個で1まとまり　$\frac{5}{5}=1$
4個だと0.8　$\frac{4}{5}=0.8$
7個だと1.4　$\frac{7}{5}=1.4$

26

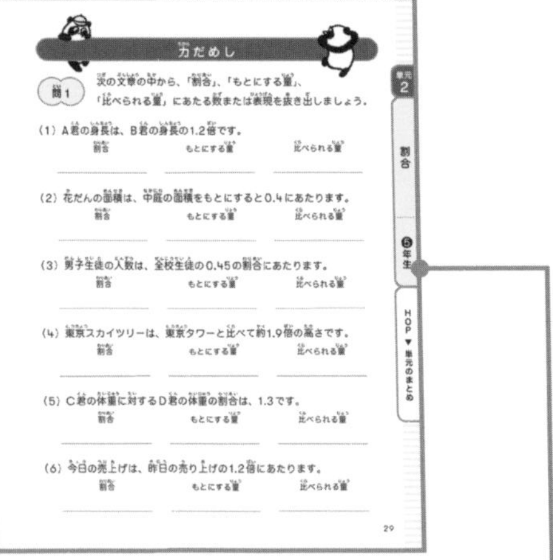

力だめし

問1 次の文章の中から、「割合」、「もとにする量」、「比べられる量」にあたる数または表現を抜き出しましょう。

(1) A君の身長は、B君の身長の1.2倍です。
割合　もとにする量　比べられる量

(2) 花だんの面積は、中庭の面積をもとにすると0.4にあたります。
割合　もとにする量　比べられる量

(3) 男子生徒の人数は、全校生徒の0.45の割合にあたります。
割合　もとにする量　比べられる量

(4) 東京スカイツリーは、東京タワーと比べて約1.9倍の高さです。
割合　もとにする量　比べられる量

(5) C君の体重に対するD君の体重の割合は、1.3です。
割合　もとにする量　比べられる量

(6) 今日の売上げは、昨日の売り上げの1.2倍にあたります。
割合　もとにする量　比べられる量

単元2　割合　5年生　HOP▼単元のまとめ

29

HOP …単元のまとめレッスン

「算数はあんまり得意じゃない…」とか「パズルに慣れてない…」という子は、ここから始めてみて！途中の「力だめし」（単元1をのぞく）をクリアしたら、いよいよパズルにチャレンジだ!

「算数は得意」または「パズルを解くのが好き」という子は、ここを飛ばしていきなりパズルから始めてもらって大丈夫。思う存分「パズル沼」にハマってね!

STEP …単元のポイントをつめこんだパズル（基本）

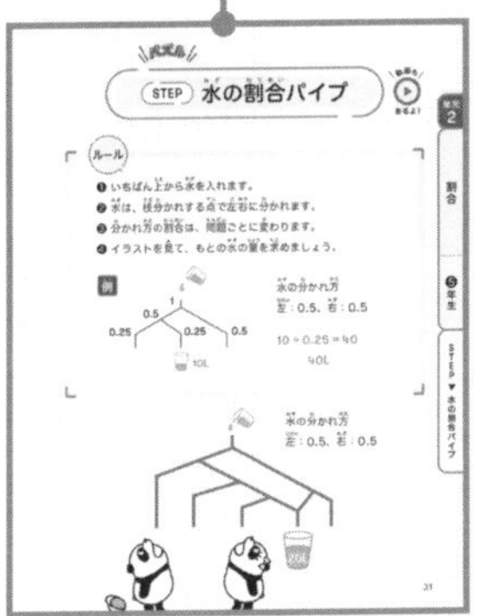
STEP 水の割合パイプ

各単元の要素を使って解く基本的なパズルだよ。制限時間はないから、ルールをよく読んで、じっくり考えながら解いていこう。

STEPパズルの全部に解説動画があるから、YouTubeから見てみてね（見かたは８ページ）。「少しむずかしいかも？」というパズルでも、この動画を見れば何倍も早く理解できるよ！

JUMP …単元のポイントをつめこんだパズル（応用）

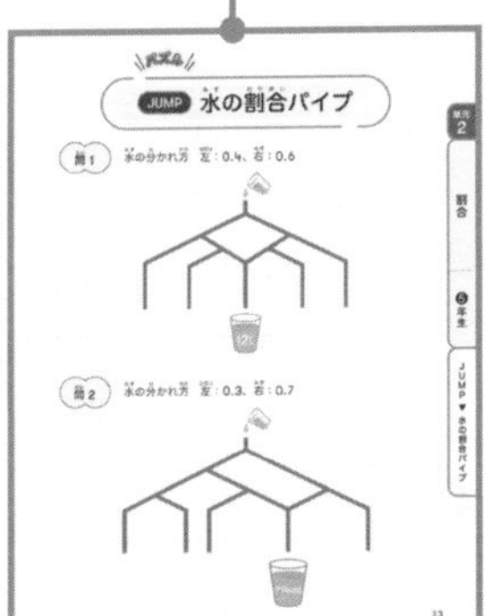
JUMP 水の割合パイプ

各単元の要素を使って解く応用的なパズルだよ。これが解けたら、この単元の成績も爆上がりしてるはず。

STEPよりも少しレベルUPしてるから時間はかかるかもしれないけど、STEPが解けたキミならきっとクリアできるはず。目指せ、パズルの天才！

この本にいろいろ出てくる双子のパンダ

サンサン（♂）
だらっとするのが大好き。
名前は中国語で数字の「３」。
特技は食べることとサボること。

スースー（♀）
好奇心旺盛。
名前は中国語で数字の「４」。
特技はおしゃれとパズルを解くこと。

目次
だよ～

単元5 比例と反比例（5年生）

単元6 平均（5年生）

単元7 円とおうぎ形（6年生）

単元8 立体の体積（6年生）

単元9 容積（5年生）

単元10 立体の表面積（6年生）

読者のみんなへのプレゼント

STEPパズル全20問のわかりやす～い解説動画

苦手な子から得意な子まで、どんな子でも「やみつき」に導いてきたプロが、YouTubeでだれよりもわかりやすく解説するよ！

STEPパズルのページ右上には必ず  がついてるよ。

パソコンやスマホで見てね！ YouTube動画はココから

⬇

やりかたが
わからない子は
お父さんお母さんに
きいてね！

単元❶ 単元レベル：1～6年生

規則性

この単元のゴール

▶植木算の3つのパターンをマスターする

▶どんな規則があるか見つけられるようになる

HOP 単元のまとめ

1 植木算とは

同じ間かくをあけて木などを植えていくときに必要な木の本数や、間の距離などを求める問題を「植木算」といいます。次の例題を解きながら、植木算の３つのパターンを区別できるようにしましょう。

❶両はしに植えるとき

例 長さが20 mの歩道に、5 mおきに木を植えます。両はしにも植えると、木は何本必要ですか。

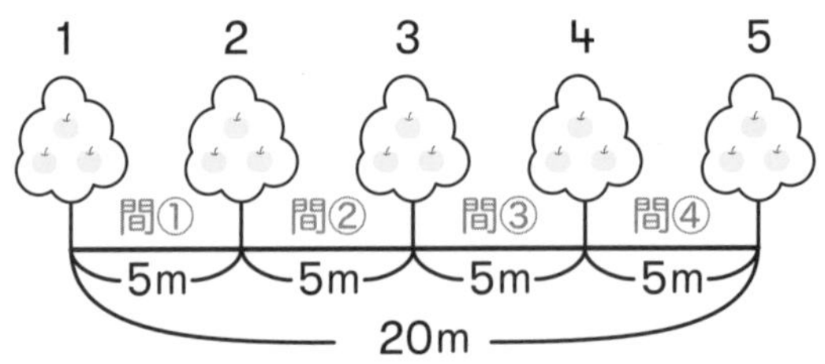

問題を図にすると上のようになり、

式 20 ÷ 5 = 4
4 + 1 = 5　より、答えは５本になります。

20 ÷ 5 = 4という式は「20mの歩道の中に5mの間が４つある」ということを表しています。各間の右側に木がくると考えると、間①の左側に追加で１本必要になります。よって、4 + 1 = 5で答えは5本と求められます。

❷両はしに植えないとき

例 長さが20ｍの歩道に、５ｍおきに木を植えます。両はしに植えないとき、木は何本必要ですか。

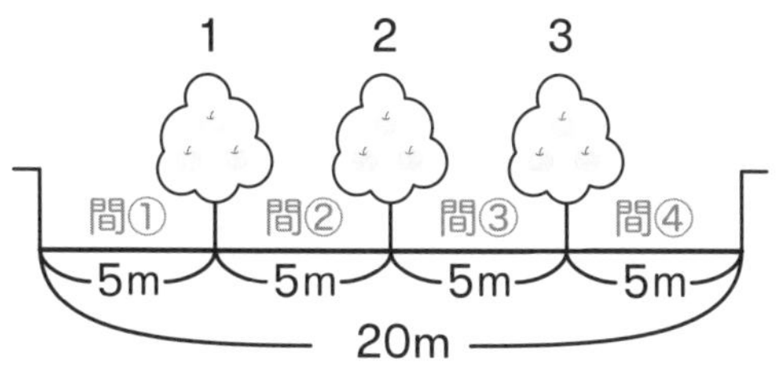

式 20÷5＝4、
4－1＝3
より、答えは３本になります。

両はしに植えるときと同様、まずは間の数を計算します。今回、間④の右側の木は必要ありません。よって4 － 1＝3で答えは３本となります。

❸池などのまわりに植えるとき

例 まわりの長さが20ｍある池のまわりに、５ｍおきに木を植えます。木は何本必要ですか。

式　20÷5＝4より、答えは４本となります。今回の場合、歩道ではなく、池の「まわり」ですから、両はしを考える必要はありません。右の図のように間の数と木の数が同じになるので、20÷5＝4で答えは４本となります。

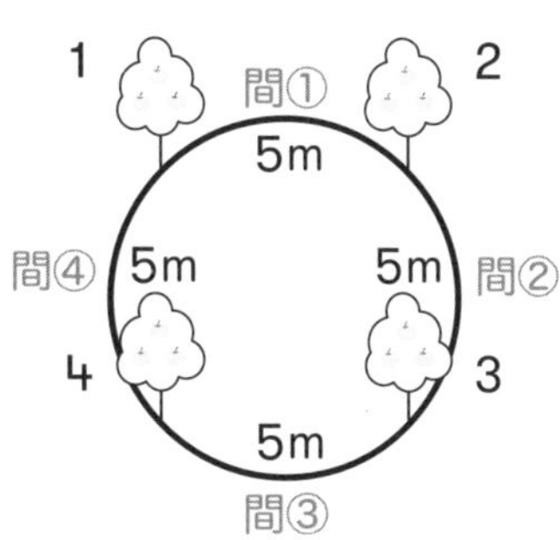

2 植木算の利用

下のように、ある決まり（規則）にしたがってならんでいる数の列を「数列」といいます。下の数列は、「4ずつ増える」という規則にしたがっています。

このように、同じ数ずつ増えていく（または減っていく）数列を「等差数列」（差が等しい数列）といいます。

数列にかんする次の例題を考えていきましょう。

例 上の数列について、次の問いに答えましょう。

❶ 左から11番目の数はいくつですか。

❷ 137は左から何番目の数ですか。

❸ 1番目の数から11番目の数までの和はいくつですか。

❶ 植木算の考え方を利用します。上の数列のそれぞれの数字を「木」として図をかくと、下のようになります。

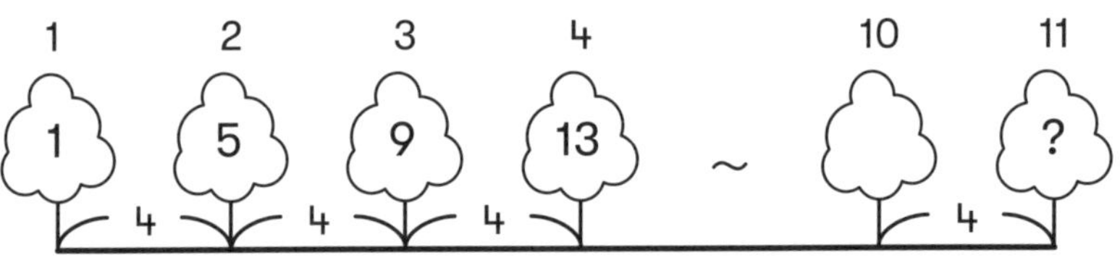

1本目の木には1、2本目の木には5、……と順に書かれています。図で11本目の木に書いてある数字を求めます。

両はしに木を植えるとき、木の本数は間の数に1をたした数なので、間の数は木の本数より1少なくなります。ですので、11－1＝10で、1〜11番目までの間の数は10だと分かります。

つまり、差の4に間の数10をかけた4×10＝40が、はしからはしまでの長さということになります。

はじめの数が1で、それに40をたした数が11番目の数ということなので、11本目（11番目）の木に書いてある数は、1＋40＝41です。

この計算を一つにまとめると、下のようになります。

$$\underbrace{1}_{\text{はじめの数}} + \underbrace{4}_{\text{差}} \times (\overbrace{\underbrace{11}_{\text{11番目}} - 1}^{\text{間の数}}) = \underbrace{41}_{\text{11番目の数}}$$

（1＝はじめの数、4＝差、11＝11番目、（11－1）＝間の数、41＝11番目の数）

すべての等差数列において、同じように○番目の数を求めることができます。下の公式を覚えておきましょう。

○番目の数＝はじめの数＋差×（○－1）

❷ ①で覚えた公式を利用します。この数列は、はじめの数が1、差が4なので、○番目の数が137になることをこの公式に当てはめてみると、次のようになります。

1 ＋ 4 × （○ － 1） ＝ 137

（1＝はじめの数、4＝差、○＝○番目、137＝○番目の数）

○を次の手順で求めていくと、答えが求められます。

左辺が○だけになるように、その他の数を右辺に移します（移項する）。
移項するとき、＋と－、×と÷が入れ替わります。
順に計算していくと、右のようになります。よって、137は35番目の数であると求められました。

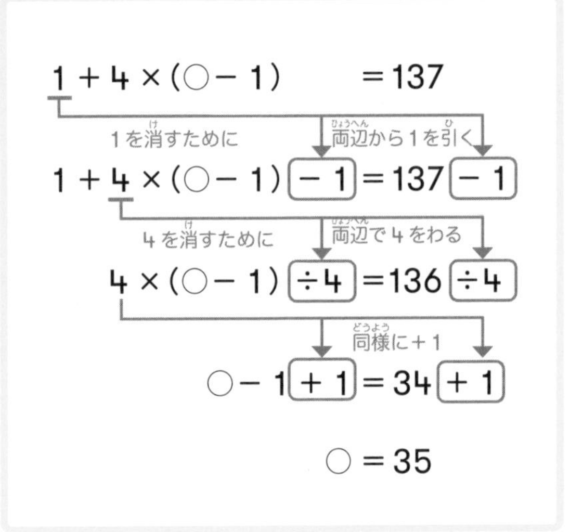

❸ 1～11番目の数を書き出してたし算にすると、

$$1+5+9+13+17+21+25+29+33+37+41$$

これを逆から並べかえて、上下に並べます。さらに2つの式の上下を足すと、次のようになります。

$$\begin{array}{rl} & 1+5+9+13+17+21+25+29+33+37+41 \\ +) & 41+37+33+29+25+21+17+13+9+5+1 \\ \hline & \downarrow \\ & 42+42+42+42+42+42+42+42+42+42+42 \end{array}$$

上の計算で、はじめの数1と11番目の数41をたすと、1＋41＝42となります。そして、それ以外のすべての上下の数の和も42になります。42が11個あるので、42×11＝462。これは、もとの等差数列と、逆にした等差数列の和を表しているので、もとの等差数列の和を求めるためには、462を2で割ります。よって、答えは462÷2＝231になります。

この計算を一つにまとめると、下のようになります。

$$\left(\underset{\text{はじめの数}}{\underline{1}} + \underset{\text{おわりの数}}{\underline{41}}\right) \times \underset{\text{個数}}{\underline{11}} \div 2 = \underset{\text{等差数列の和}}{\underline{231}}$$

すべての等差数列において、同じように等差数列の和を求めることができます。次の公式を覚えておきましょう。

等差数列の和＝(はじめの数＋おわりの数)×個数÷2

日暦算

カレンダーにかんする問題を日暦算といいます。日暦算を解くために、1月～12月のうち、大の月（1ヶ月が31日の月）と小の月（1ヶ月が30日以下の月）を覚えておきましょう。

大の月

1月、3月、5月、7月、8月、10月、12月

小の月

2月、4月、6月、9月、11月

また、西暦年号が4の倍数の年をうるう年といい、2月が29日までになるので、1年が366日になります。ただし、100の倍数の年は平年、400の倍数の年はうるう年になります。

例 ある年の8月19日は、土曜日です。同じ年の12月14日は、何曜日ですか。

まず、8月19日から12月14日まで何日あるかを考えます。
8月19日から、8月31日までの日数は、植木算の考え方を利用して、31－19＋1＝**13**日と求められます。

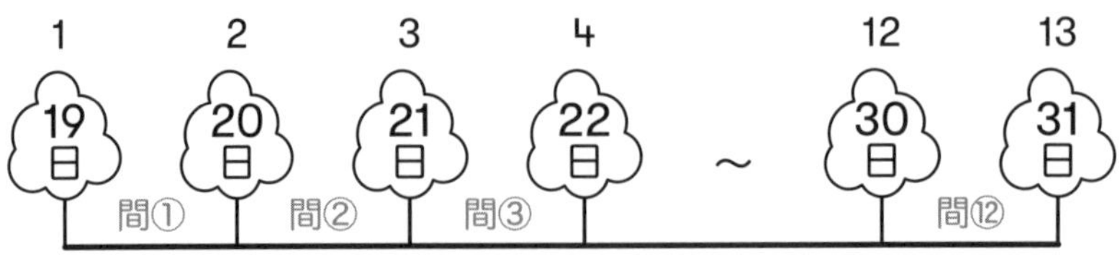

9月は**30**日、10月は**31**日、11月は**30**日まであります。
次に、12月を見てみましょう。12月1日から12月14日までの日数は、14－1＋1＝**14**日になります。1（日）から始まる場合は、おわりの数（この場合は14）がそのまま日数になります。よって、8月19日から12月14日までの日数は、13＋30＋31＋30＋14＝118日です。
12月14日の曜日を考えるには、この118日を7で割ったあまりを考えます。

118	÷	7	＝	16	あまり	6
8/19～12/14までの全日数		1週間＝7日		16週間		6日目

よって、118日は16週間と6日になります。12月14日は、土曜日から始まる周期の6日目なので、木曜日です。

8/19	20	21	22	23	24	25	～	… 12/8	9	10	11	12	13	14
									1番目	2番目	3番目	4番目	5番目	6番目
土	日	月	火	水	木	金		金	土	日	月	火	水	㊍
第1周期							～	第16周期	第17周期					

\パズル/

STEP 等差数列パズル

\動画も/ あるよ！

ルール

❶ 差が等しい数の並びを、等差数列といいます。

❷ たてとよこそれぞれの列がすべて等差数列になっているとき、アとイに入る数を求めましょう。

例

4	ア	10
7	11	イ
10	15	20

ア＝7

イ＝15

	21	29
15	ア	41
イ	35	

解答と解き方

ア＝28　イ＝17

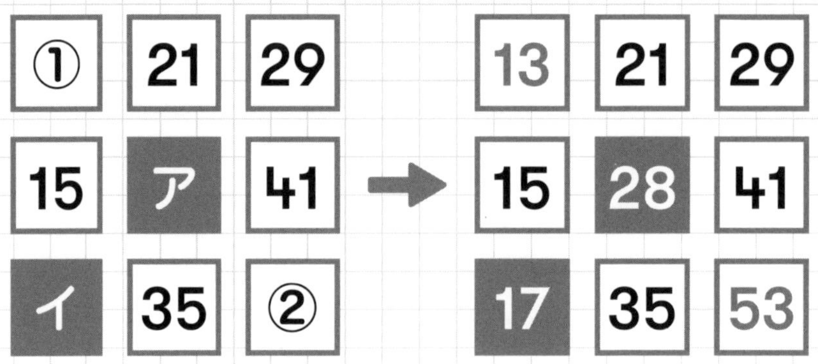

❶ 2つの空の□に入る数をそれぞれ①、②とします。はじめに、いちばん上の列から考えます。21→29と続いているので、29－21＝8ずつ変化していることが分かります。よって、①に入る数字は、21－8＝13。

❷ 次に真ん中の列について考えます。41－15＝26、15→○→41の2回で26変化しているので、26÷2＝13ずつ変化していることが分かります。よって、アに入る数字は、15＋13＝28。

❸ 最後に、いちばん下の列を考えます。しかし、3つのマスのうち、2つが分かっていないので、タテ方向で考えます。左端の列は、❶より、15－13＝2ずつ変化しているので、イに入る数は、15＋2＝17。

❹ 右端の列は41－29＝12ずつ変化しているので、②に入る数は、41＋12＝53。

パズル

JUMP 等差数列パズル

問1

問 2

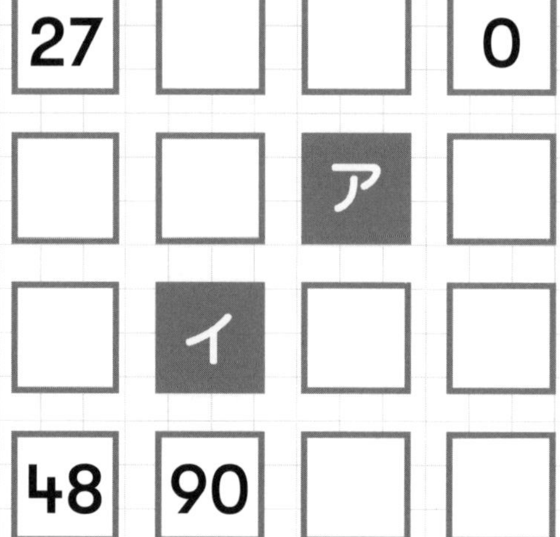
27
0
ア
イ
48
90

パズル

STEP 曜日をあてろ！

❶ ❸の問いを「くいにげ法」を用いて答えましょう。

❷ くいにげ法とは、日暦算の計算をかんたんに行うためのごろ合わせです。たとえば、1月1日が日曜日なら、この表の月の並び順に、5月1日は月曜日となり、8月1日は火曜日となることが計算しなくてもわかります。(平年のみあてはまります)

❸ ある年の5月8日は水曜日でした。その年の11月19日は何曜日ですか。

くいにげ法

110番	1月・10月	日
後	5月	月
は	8月	火
いい兄さん	11月・2月・3月	水
村で	6月	木
くいにげ	9月・12月	金
なし	7月・4月	土

解答と解き方

火曜日

110番	1月・10月	
後	5月	8日㊌→19日㊐ …❶
は	8月	19日㊊ …❷
いい兄さん	11月・2月・3月	19日㊋ …❸
村で	6月	
くいにげ	9月・12月	
なし	7月・4月	

❶ 5月8日が水曜日なので、5月19日は日曜日になります。

❷ くいにげ法を利用すると、5月19日が日曜日なので、上の表から8月19日は月曜日になることがわかります。

❸ さらに、8月19日が月曜日なので、上の表から11月、2月、3月の19日は火曜日になります。

よって、5月8日が水曜日のとき、11月19日は火曜日になります。

JUMP 曜日をあてろ！

問1 ある年の1月12日は水曜日でした。その年の8月20日は何曜日ですか。

問2 ある年の3月4日は火曜日でした。その年の9月18日は何曜日ですか。

問3 ある年の8月1日は木曜日でした。その年の11月17日は何曜日ですか。

問4 ある年の11月21日は金曜日でした。その年の5月17日は何曜日ですか。

110番	1月・10月	日
後	5月	月
は	8月	火
いい兄さん	11月・2月・3月	水
村で	6月	木
くいにげ	9月・12月	金
なし	7月・4月	土

JUMPの解答

JUMP／規則性

問1

（ア）23　（イ）32

問2

（ア）50　（イ）66

JUMP／くいにげ法

問1 土曜日

問2 木曜日

問3 日曜日

問4 土曜日

単元❷ 単元レベル：5年生

割合

この単元のゴール

▶「割合」、「もとにする量」、「比べられる量」の関係性をマスターする

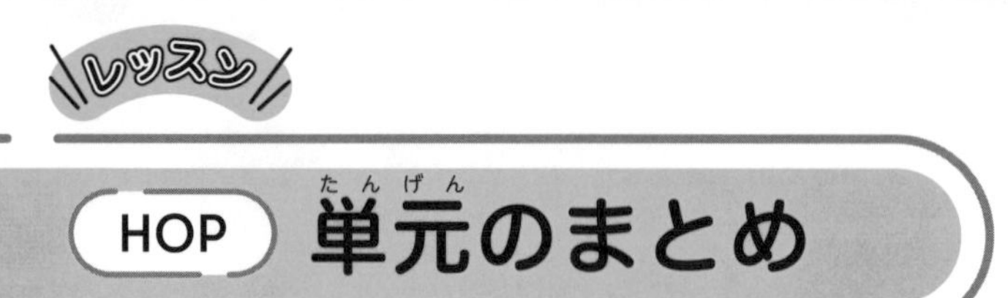

HOP 単元のまとめ

1 割合とは

比べられる量が、もとにする量の何倍にあたるかを表した数を「割合」といいます。割合は、次の式で求められます。

割合＝比べられる量÷もとにする量

もとにする量が１のとき、比べられる量がいくつにあたるかを表します。

例 ５個をもとにしたとき、次の量の割合を求めましょう。
❶ ４個の場合　❷ ７個の場合

❶ ４個の場合 …　**4**　÷　**5**　＝　**0.8**（倍）

（比べられる量）（もとにする量）（割合）

❷ ７個の場合 …　**7**　÷　**5**　＝　**1.4**（倍）

図でイメージしてみましょう。

５個で１まとまり　$\frac{5}{5}=1$

４個だと0.8　$\frac{4}{5}=0.8$

７個だと1.4　$\frac{7}{5}=1.4$

2 もとにする量・比べられる量

「もとにする量」とは、割合の問題において「1」として考える量のことです。大きく分けて、2つの考え方があります。

❶「基準になる量」としての量

たとえば、「15mの赤いリボンは5mの白いリボンの何倍ですか」という文は、「赤いリボンは白いリボン何本分か」という意味です。

白いリボンを基準に、赤いリボンを比べているので、

「白いリボン」＝「もとにする量」

「赤いリボン」＝「比べられる量」になります。

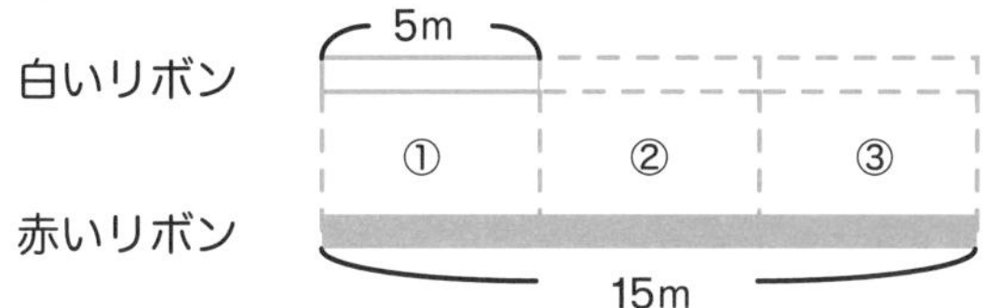

❷「全体の量」としての量

たとえば、「全校生徒200人のうち、0.2の割合にあたる人数が5年生です。5年生は何人ですか」は、「全校生徒＝全体」のうちの「5年生＝一部」を求める問題です。

「全校生徒」＝「もとにする量」

「5年生」＝「比べられる量」 になります。

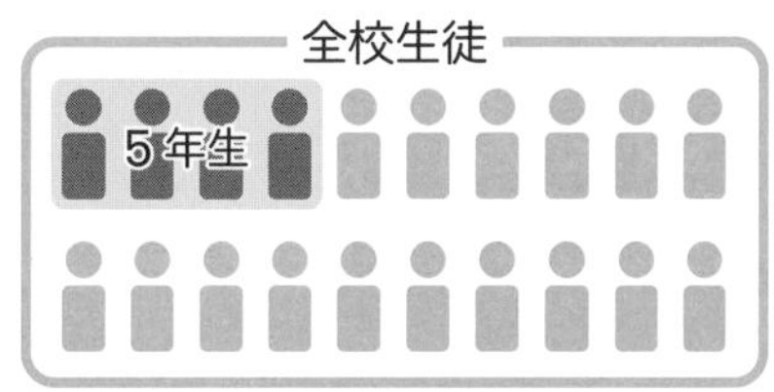

3 割合の3公式「く・も・わ」

割合の3つの公式をおぼえましょう。

- 割合＝比べられる量÷もとにする量
- もとにする量＝比べられる量÷割合
- 比べられる量＝もとにする量×割合

割合の3公式は、下のような「く・も・わ」の図で覚えることができます。

タテ線が「×」、ヨコ線が「÷」を表しています。

求めたい値を指でかくすと、公式が浮かび上がります。

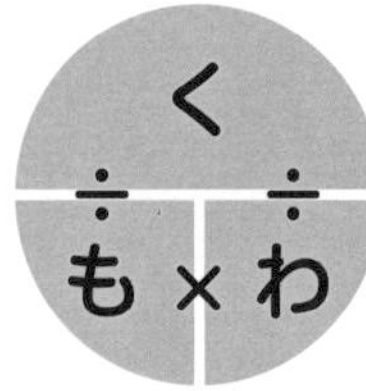

「く」 比べられる量＝もとにする量×割合

「も」 もとにする量＝比べられる量÷割合

「わ」 割合＝比べられる量÷もとにする量

4 割合・もとにする量・比べられる量の見分け方

見分け方の基本となるポイントは、下の3つです。

- 「～の（うち）○○」の「○○」が「割合」
- 「～の（うち）○○」の「～」が「もとにする量」
- 残ったものが「比べられる量」

「～と比べて○○」や「～に対する○○」という表現もあるので、注意しましょう。

力だめし

問1 次の文章の中から、「割合」、「もとにする量」、「比べられる量」にあたる数または表現を抜き出しましょう。

（1）A君の身長は、B君の身長の1.2倍です。

割合 ＿＿＿＿　もとにする量 ＿＿＿＿　比べられる量 ＿＿＿＿

（2）花だんの面積は、中庭の面積をもとにすると0.4にあたります。

割合 ＿＿＿＿　もとにする量 ＿＿＿＿　比べられる量 ＿＿＿＿

（3）男子生徒の人数は、全校生徒の0.45の割合にあたります。

割合 ＿＿＿＿　もとにする量 ＿＿＿＿　比べられる量 ＿＿＿＿

（4）東京スカイツリーは、東京タワーと比べて約1.9倍の高さです。

割合 ＿＿＿＿　もとにする量 ＿＿＿＿　比べられる量 ＿＿＿＿

（5）C君の体重に対するD君の体重の割合は、1.3です。

割合 ＿＿＿＿　もとにする量 ＿＿＿＿　比べられる量 ＿＿＿＿

（6）今日の売り上げは、昨日の売り上げの1.2倍にあたります。

割合 ＿＿＿＿　もとにする量 ＿＿＿＿　比べられる量 ＿＿＿＿

問2　バスケットボールの試合をしています。Aチームは20回シュートをして、12回ゴールに入りました。Bチームは30回シュートをして、24回ゴールに入りました。

(1) Aチームがシュートした回数を1とすると、ゴールの入った回数の割合はいくつですか。

(2) Bチームがシュートした回数を1とすると、ゴールの入った回数の割合はいくつですか。

(3) AチームとBチームで、ゴールに入った回数の割合が大きいのはどちらですか。

(4) Aがシュートした回数に対するBがシュートした回数の割合はいくつですか。

問3　□にあてはまる数字を求めましょう。

(1) □gの1.5倍にあたる重さは120gです。

(2) 全校生徒□人の0.6倍にあたる人数は360人です。

(3) 60㎝の1.2倍にあたる長さは□㎝です。

(4) 12000枚のチケットに対して、2.8倍にあたる□枚の応募がありました。

パズル

STEP 水の割合パイプ

＼動画も／ あるよ！

ルール

❶ いちばん上から水を入れます。

❷ 水は、枝分かれする点で左右に分かれます。

❸ 分かれ方の割合は、問題ごとに変わります。

❹ イラストを見て、もとの水の量を求めましょう。

例

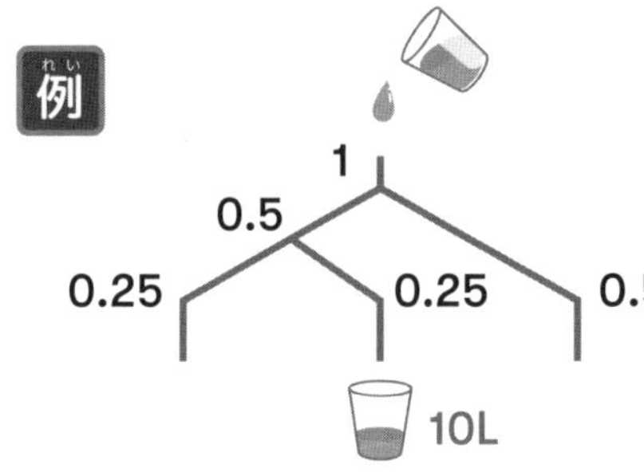

水の分かれ方

左：0.5、右：0.5

10÷0.25＝40

40L

水の分かれ方

左：0.5、右：0.5

解答と解き方

64L

❶ 上から入れた水の量を1とすると、それぞれ枝分かれしたあとの水の量はもとの量と比べ、下のような割合になります。

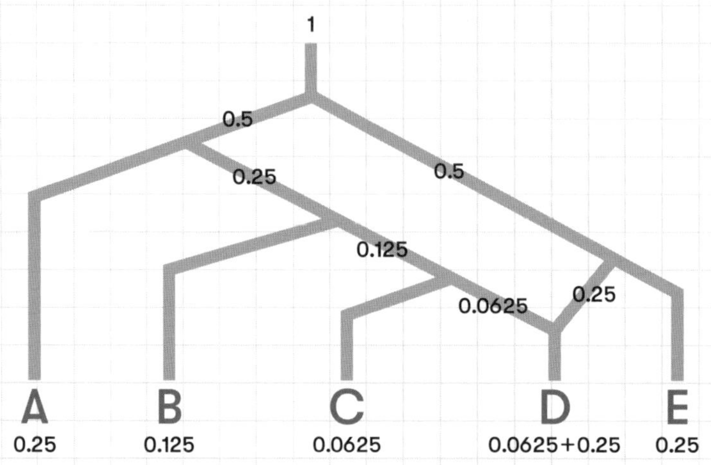

❷ よって、Dにはもとの水量を1としたとき、(0.0625＋0.25＝) 0.3125の水が流れ込むことになります。

❸ ここで、もとの水の量が「もとにする量」、D地点の水量20Lが「比べられる量」、0.3125が「割合」になります。

❹ いま求めるのは「もとにする量」なので、公式「もとにする量＝比べられる量÷割合」にあてはめて、20÷0.3125＝64
よって、もとの水の量は、64Lであると分かります。

JUMP 水の割合パイプ

問1　水の分かれ方　左：0.4、右：0.6

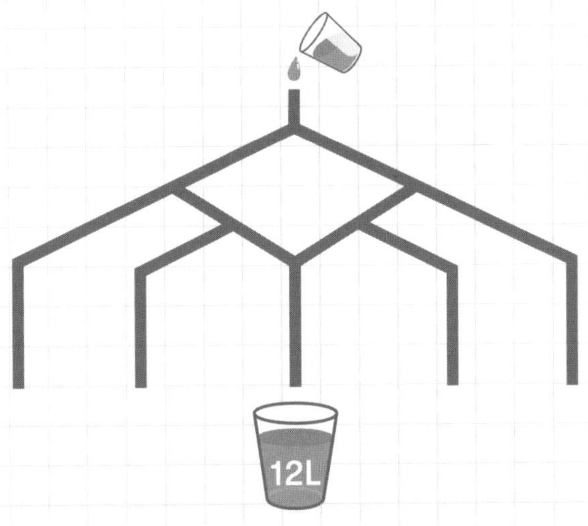

問2　水の分かれ方　左：0.3、右：0.7

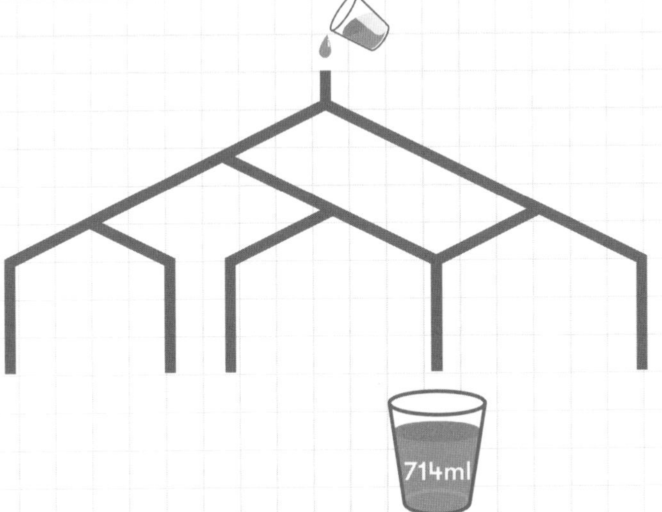

問3　水の分かれ方　左：0.2、右：0.8

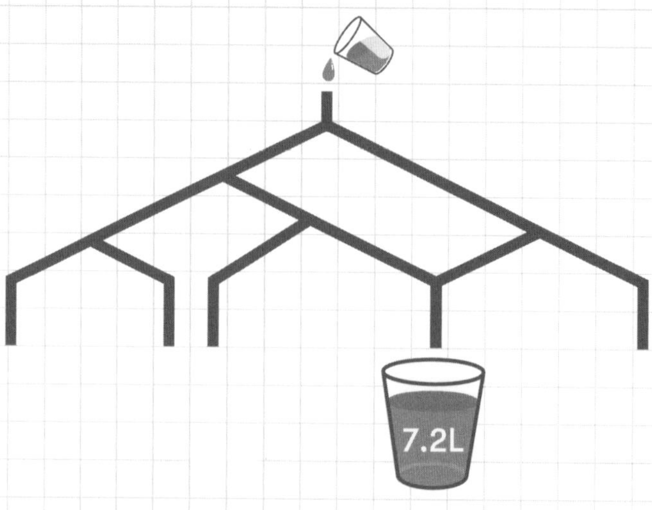

問4　水の分かれ方　左：0.4、右：0.6

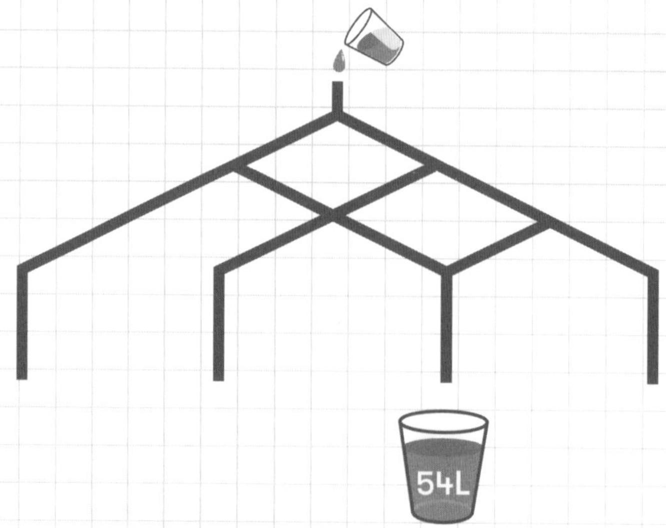

パズル

STEP お金の割合めいろ

❶ 矢印の向きからお金を入れます。

❷ お金は、道にある割合の分だけ変化します。

❸ 割合は道ごとに変わります。

❹ お金が通った道のりを求めましょう。

例

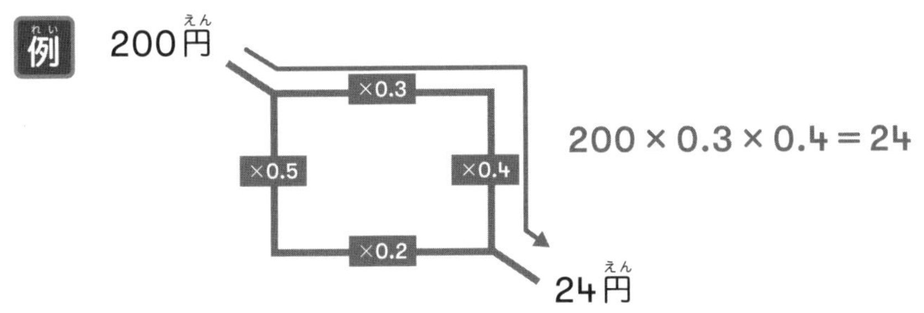

$200 \times 0.3 \times 0.4 = 24$

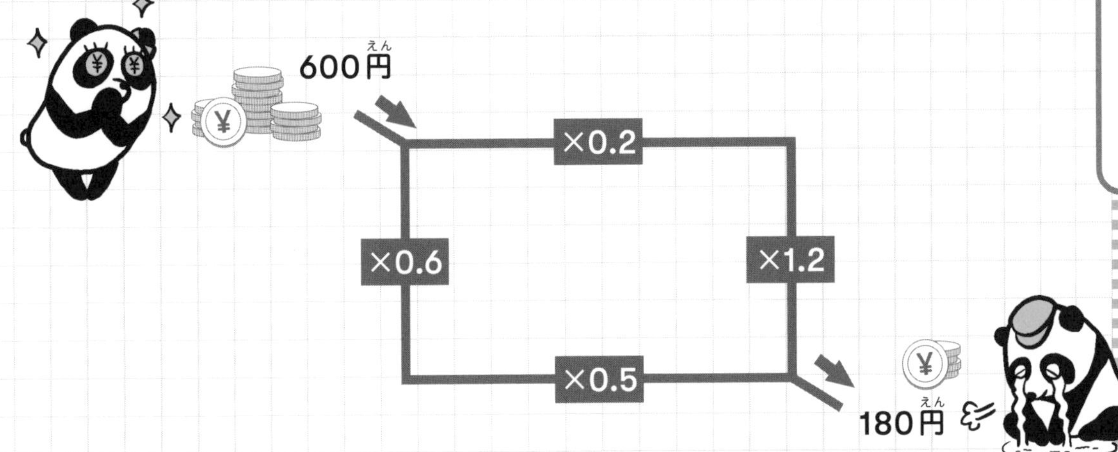

解答と解き方

❶ 矢印からお金を入れると、それぞれ枝分かれしたあとのお金の変化は、下のようになります。

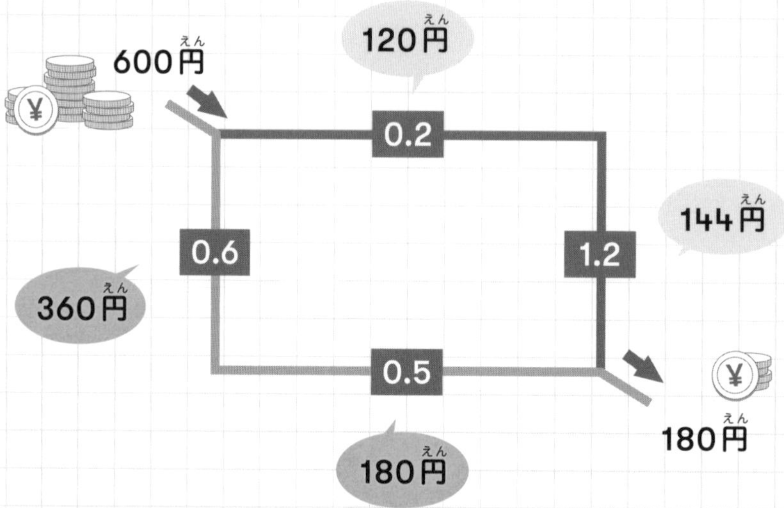

❷ 0.2→1.2の道を進んだとき

600円×0.2＝120円　→　120円×1.2＝144円

❸ 0.6→0.5の道を進んだとき

600円×0.6＝360円　→　360円×0.5＝180円

❹ よって、お金が通った道のりは図の通りであると分かります。

JUMP お金の割合めいろ

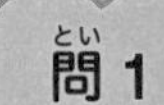

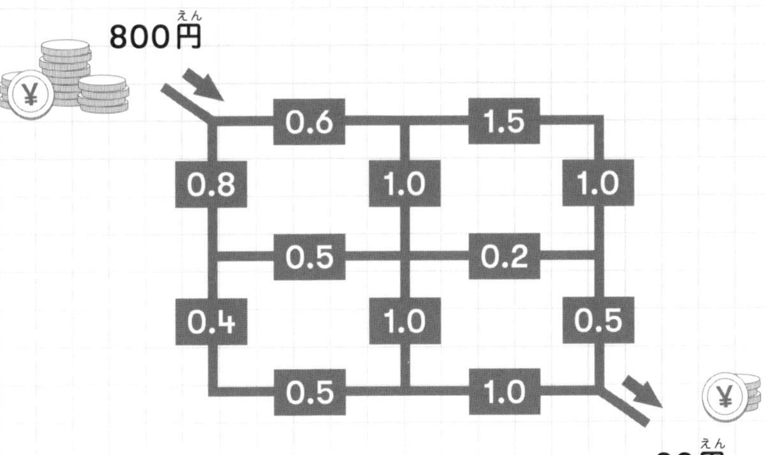

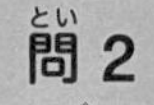

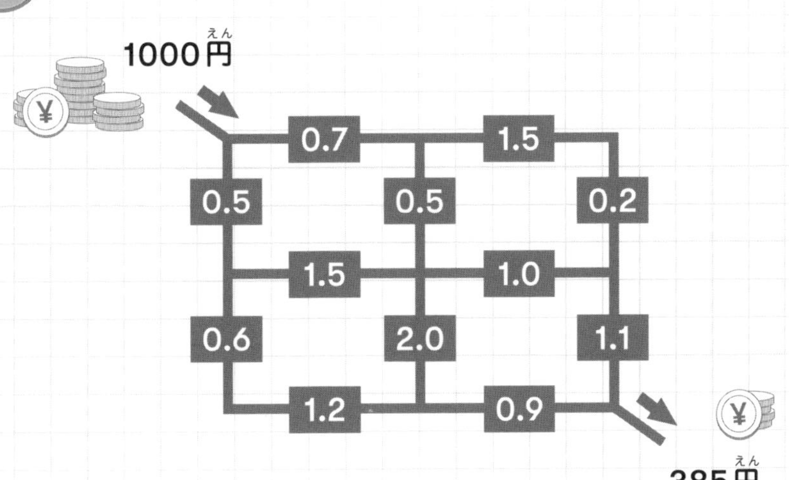

問3

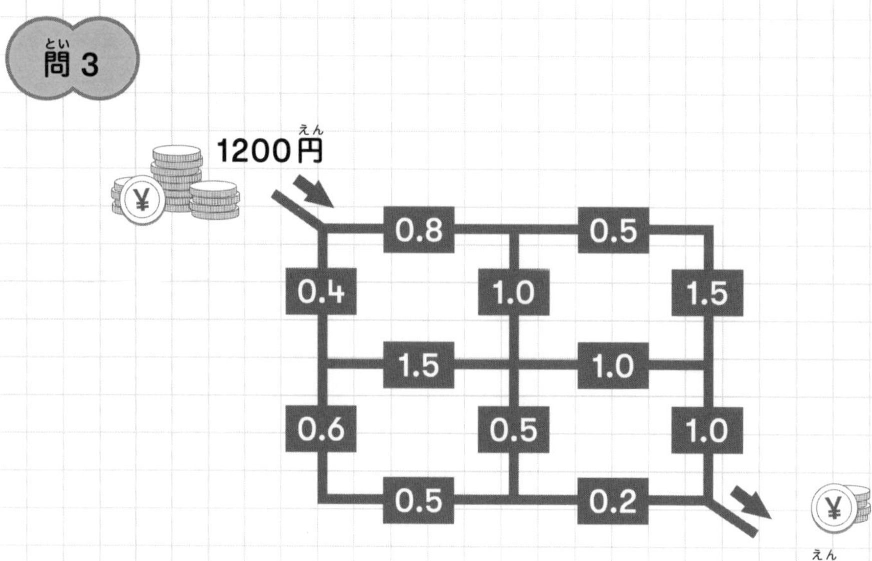
1200円
0.8
0.5
0.4
1.0
1.5
1.5
1.0
0.6
0.5
1.0
0.5
0.2
72円

問4

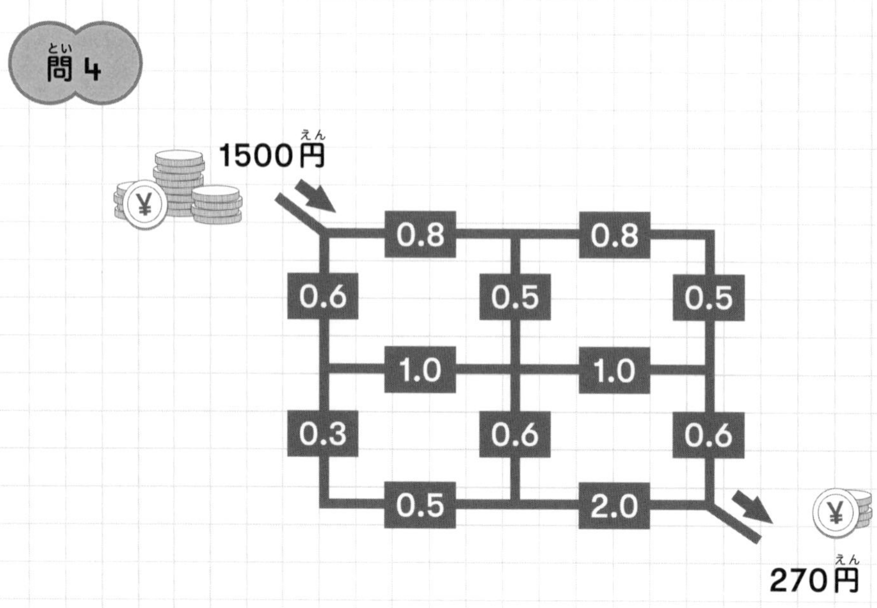
1500円
0.8
0.8
0.6
0.5
0.5
1.0
1.0
0.3
0.6
0.6
0.5
2.0
270円

問5

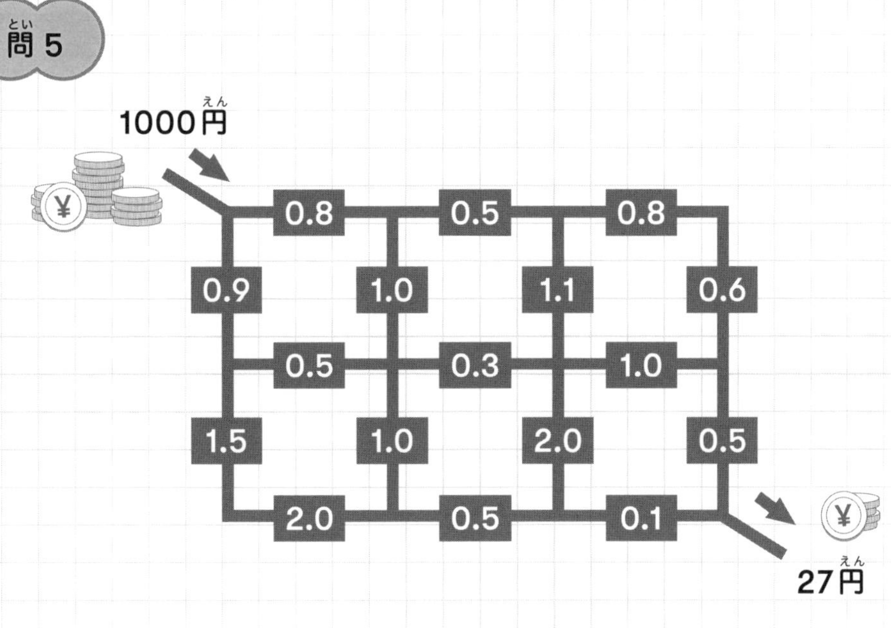

問6

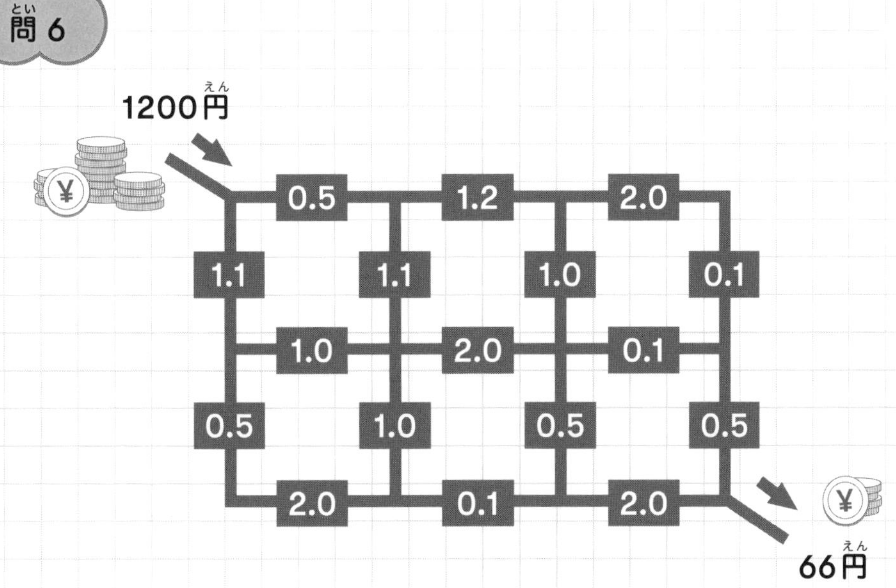

単元2 割合 ❺年生 JUMP▼ お金の割合めいろ

力(ちから)だめし & JUMPの解答(かいとう)

力だめし

問1

割合、もとにする量、比べられる量

（1）1.2、B君の身長、A君の身長

（2）0.4、中庭の面積、花だんの面積

（3）0.45、全校生徒、男子生徒

（4）1.9、東京タワー、東京スカイツリー

（5）1.3、C君の体重、D君の体重

（6）1.2、昨日の売り上げ、今日の売り上げ

問2

（1）0.6　（2）0.8

（3）Bチーム　（4）1.5

問3

（1）80　（2）600

（3）72　（4）33600

JUMP／割合パイプ

問1

0.4×0.6×0.6＋0.6×0.4×0.4＝0.24

12÷0.24＝50L

問2

0.3×0.7×0.7＋0.7×0.3＝0.357

714÷0.357＝2000ml＝２L

問3

0.2×0.8×0.8＋0.8×0.2＝0.288

7.2÷0.288＝25L

問4

(0.4×0.6＋0.6×0.4)×0.6＋
0.6×0.6×0.4＝0.432

54÷0.432＝125L

JUMP／割合めいろ

問1

0.8→0.5→0.2→0.5の道のり

問2

0.7→0.5→1.0→1.1の道のり

問3

0.4→1.5→0.5→0.2の道のり

問4

0.6→0.3→0.5→2.0の道のり

問5

0.9→0.5→0.3→2.0→0.1の道のり

問6

0.5→1.1→2.0→0.1→0.5の道のり

単元③ 単元レベル：5年生

百分率

この単元のゴール

▶「百分率」や「歩合」での割合の表し方をマスターする

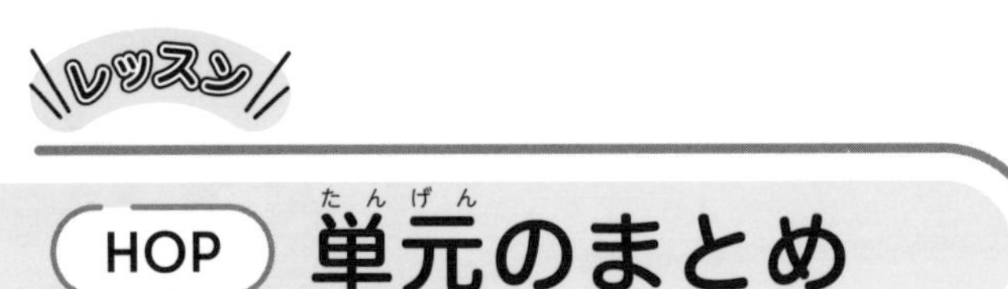

HOP 単元のまとめ

1 百分率とは

パーセント（%）で表した割合のことを「百分率」といい、「もとにする量」を100とおきます。前の単元で習った、0.2倍や1.5倍など「〜倍」の割合を「小数の割合」といいます。

小数の割合を100倍すると、百分率になります。そして、百分率を100で割ると、小数の割合になります。

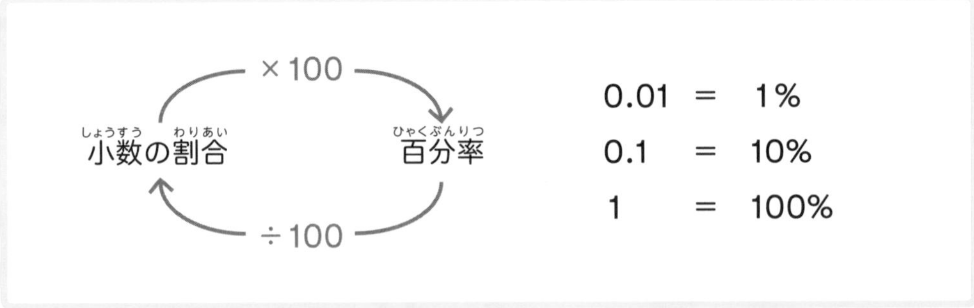

小数点を右に1つ動かすと、10倍の数になります。つまり、100倍するということは、小数点を右に2つ動かすということです。そして、左に1つ動かすと10でわった数になるので、小数点を左に2つ動かせば100で割った数を求めることができます。

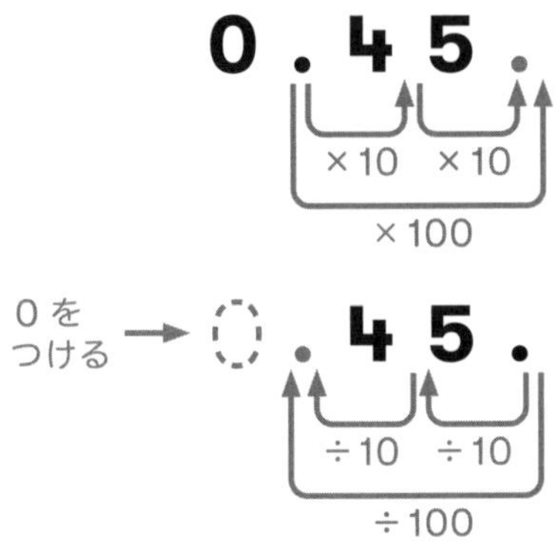

2 歩合とは

「もとにする量」を10とおいた割合のことを「歩合」といいます。～割、～分、～厘で表します。

小数の割合		歩合
1	=	10割
0.1	=	1割
0.01	=	1分
0.001	=	1厘

3 3つの割合のまとめ

小数の割合、百分率、歩合、これらはすべて割合です。

そのちがいは、「もとにする量」です。

もとにする量（全体）を…

1とする	→	小数の割合
10（割）とする	→	歩合
100（%）とする	→	百分率

小数の割合を使って計算するので、百分率や歩合の問題では、百分率や歩合を小数の割合に直してから計算するようにしましょう。

4 帯グラフと円グラフ

全体と部分の割合を比べるには、グラフを用いると便利です。

◎帯グラフ … 全体を長方形で表し、たてに区切って割合を表したグラフ

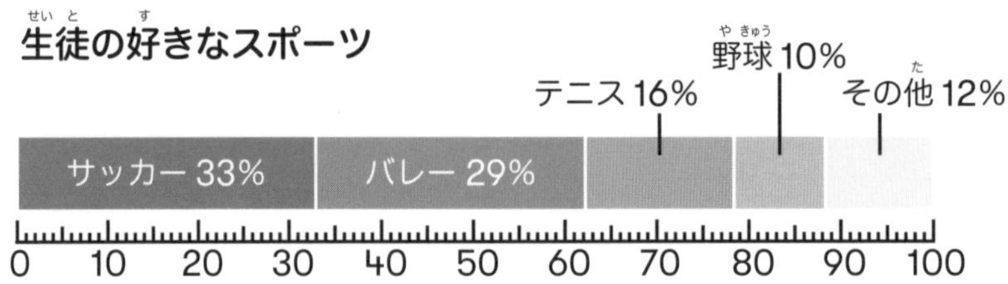

◎円グラフ … 全体を円で表し、半径で区切って割合を表したグラフ

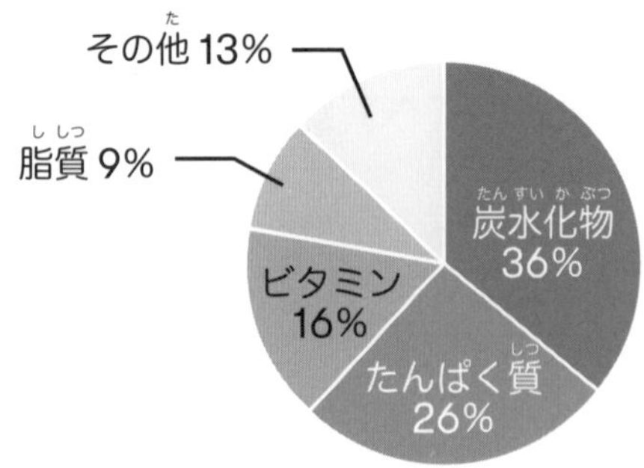

〈グラフの書き方〉

全体をもとにして、各部分の割合を百分率で表します。割合の大きい順に、帯グラフなら左から、円グラフなら真上から右回りに区切っていきます。「その他」は割合の大きさにかかわらず、一番あとにします。

力だめし

次の、小数の割合、百分率、歩合で表された割合を、【　】に書かれた割合に直しましょう。

（1）0.02【百分率】

（2）38%【小数の割合】

（3）1.03【歩合】

（4）25.5%【小数の割合】

（5）5割6分【小数の割合】

（6）8%【歩合】

（7）0.278【歩合】

（8）6分8厘【百分率】

次の問いに答えましょう。

（1）兄は850円、妹は680円持っています。妹の所持金は、兄の所持金の何%ですか。

（2）長さ120cmのリボンのうち、5割5分を使いました。使わなかったリボンの長さは何cmですか。

（3）映画館に、座席数の85%にあたる102人が座っています。この映画館の座席数は何席ですか。

問3

下の帯グラフは、あるコンビニの飲料品売り上げの割合を表したものです。次の問いに答えましょう。

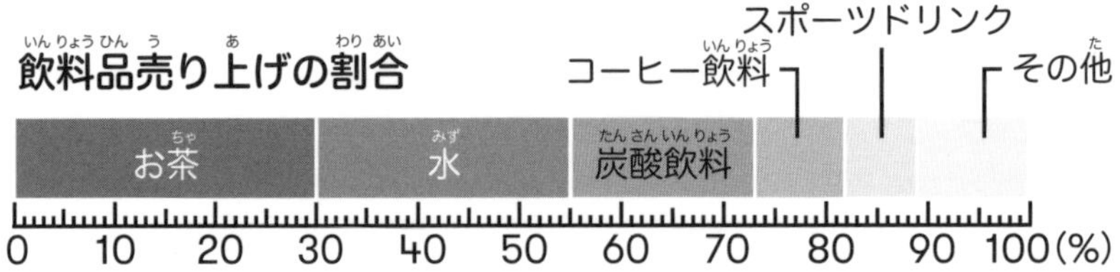

(1) 水の売り上げの割合は、全体の何%ですか。

(2) コーヒー飲料の売り上げは、お茶の売り上げの何倍ですか。

(3) 炭酸飲料の売り上げが21600円のとき、飲料品全体の売り上げは何円ですか。

問4

次の表は、ともかさんの先月の生活費を使い道ごとに分けて表したものです。それぞれの使い道の百分率を計算して表に書き入れ、これを円グラフにしましょう。ただし、百分率は十分の一の位を四捨五入します。

使い道	家賃	食費	衣料費	光熱費	その他	合計
金額(円)	47400	30000	21000	6100	7500	112000
割合(%)						

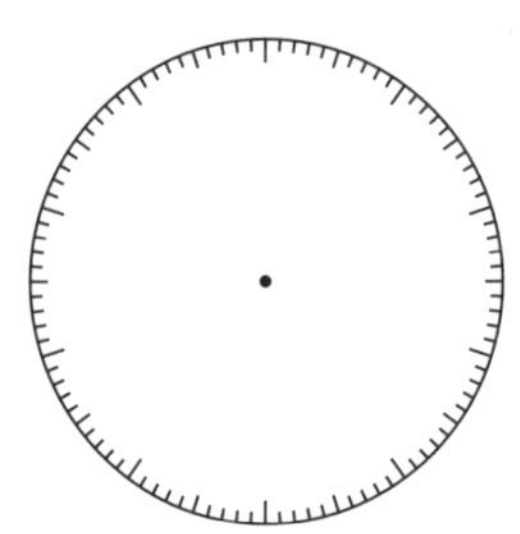

パズル

STEP 針で分けろ！

ルール

❶ 時計の面積を、指定された百分率になるように、時計の針で区切ります。

❷ この時の時刻を12:00 ～ 1:00の間のもっとも早い時刻で答えましょう。また、時計の中に針をかきこみましょう。

❸ 2つに区切る場合は短針と長針を、3つに区切る場合は秒針も利用します。

❹ ただし、短針は1時間ごとに一気に動くものとします。

例

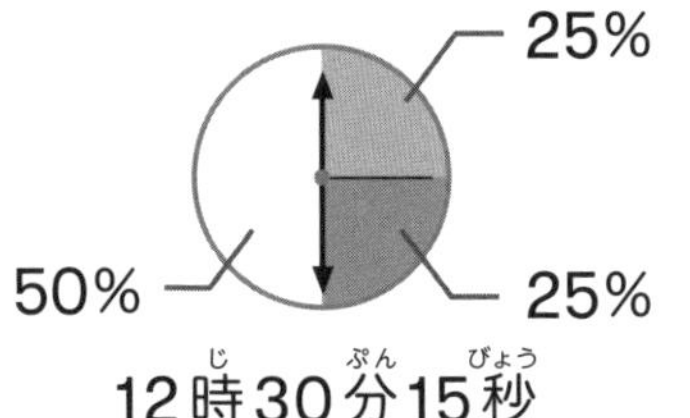

12時30分15秒

50%と50%

12時30分

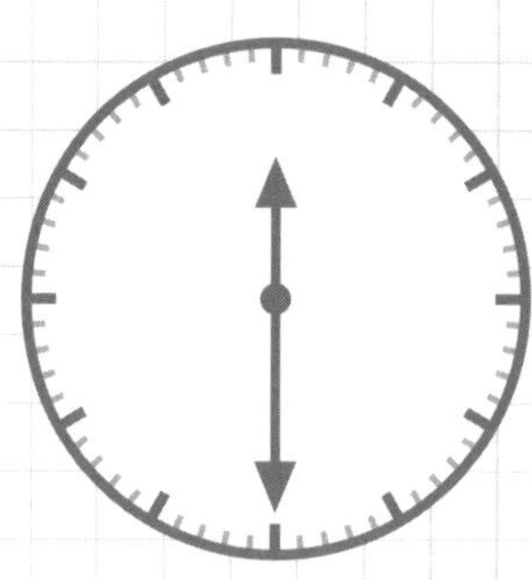

❶ 時計のメモリは全部で60あります。その50%なので、
60 × 0.5 = 30

❷ よって、12:00 ～ 1:00の間で、長針と短針で区切られた部分に含まれるメモリが30本になる時刻を考えると、12時30分になるとわかります。

❸ ルール❸の短針は、1時間ごとに一気に動くことに注意しながら考えましょう。

パズル

JUMP 針(はり)で分(わ)けろ！

問(とい)1　40%と60%

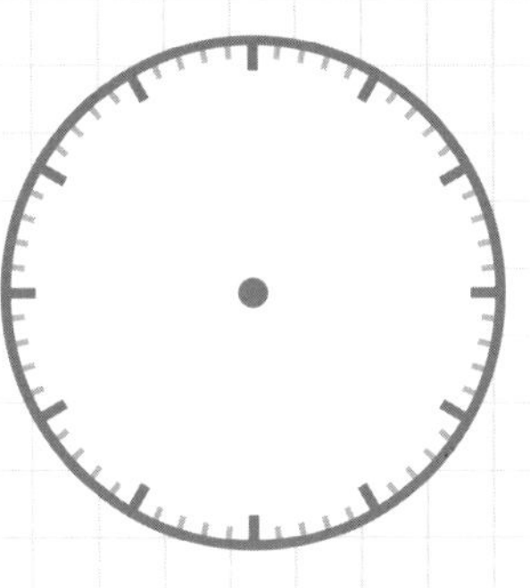

問(とい)2　30%と70%

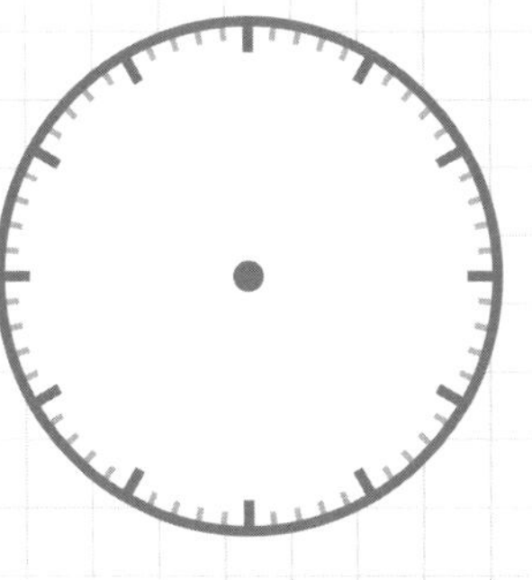

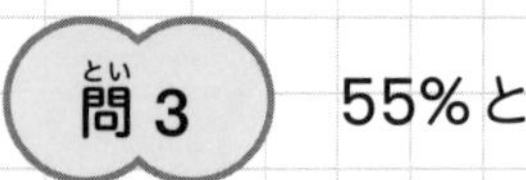

55%と25%と20%

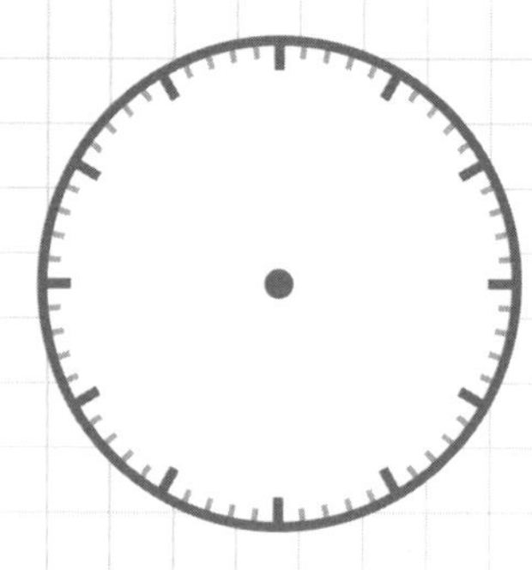

25%と30%と45%

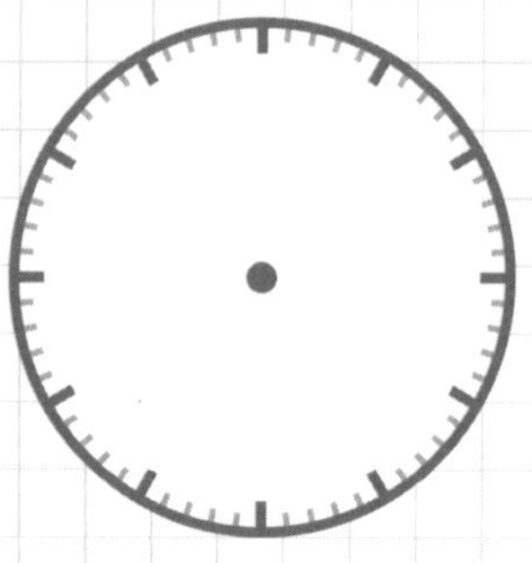

パズル

STEP ハニカム計算めいろ

ルール

❶ 辺どうしが接するマスにだけすすむことができます。

❷ すべてのマスを1度だけ通ります。

❸ 式をヒントに、計算が成り立つようにそれぞれのマスを線でつなぎ、□に正しい数字を書きましょう。

例

□ + □ + □ = □ + □

$\frac{1}{2}$	+	=	120%	
+	0.8	20%	+	0.3

解答と解き方

$$\boxed{\frac{1}{2}} + \boxed{0.8} + \boxed{20\%} = \boxed{120\%} + \boxed{0.3}$$

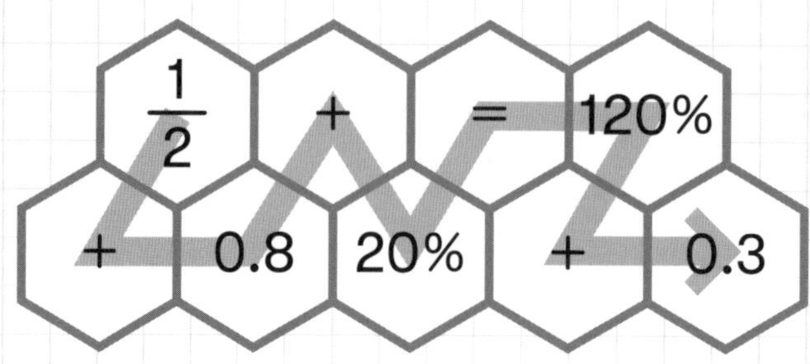

❶ 上の□の式の記号（＋、×、÷、＝）の位置をヒントに、式が成り立つように数字と記号を結びます。

❷ 分数と小数、百分率を同じ単位に統一して考えます。このとき、記号の優先順位と計算の順番に注意しましょう。

❸ 例題 1 は小数に統一して考えると、下のような式になります。

0.5＋0.8＋0.2＝1.2＋0.3（＝1.5）

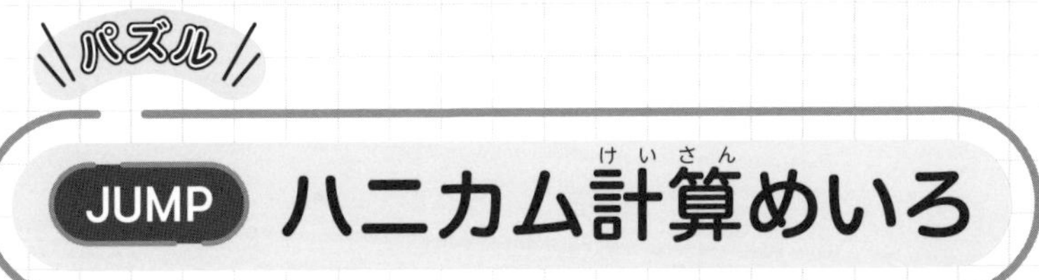

問1

□ + □ − □ = □ − □

− 30% + $\frac{9}{10}$

$\frac{7}{10}$ 120% = 70% −

問2

□ + □ − □ + □ = 0.3 + □ + □

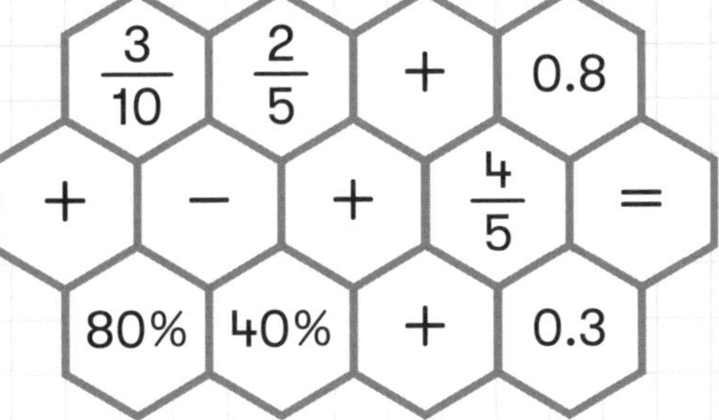

問3

□ × □ − □ − □ = □ − □ + □

2	×	100%	+	
−	$\frac{2}{5}$	−	0.2	$\frac{7}{10}$
90%	=	20%	−	

問4

1.2 ÷ □ − □ + □ = □ + □ × □ + □

1.2	÷	$\frac{4}{3}$	30%		
+	10%	+	−	+	
$\frac{1}{5}$	×	$\frac{7}{2}$	20%	=	$\frac{2}{5}$

問（とい）5

0.6 + □ + □ − □ = □ − □ − □ + □ + □

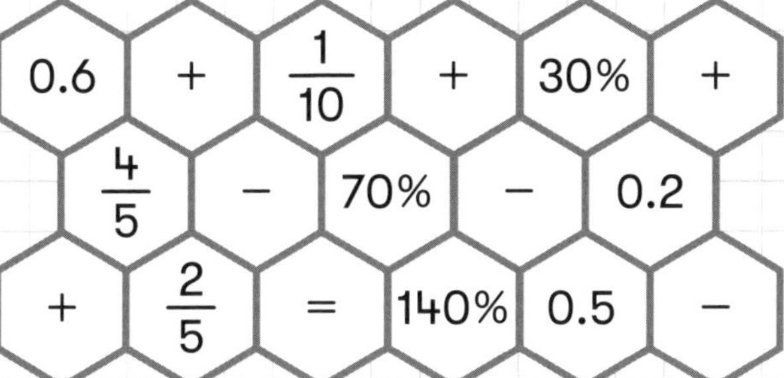

□ × □ − □ − □ − □ = □ − □ − □ + □

150%	×	2	=	150%	−
90%	−	$\frac{1}{5}$	60%	0.4	
−	1	−	+	$\frac{4}{5}$	−

力(ちから)だめし & JUMPの解答(かいとう)

力だめし

問1

（1）2%　（2）0.38　（3）10割３分
（4）0.255　（5）0.56　（6）８分
（7）２割７分８厘　（8）6.8%

問2

（1）680÷850＝80%
（2）120－(120×0.55)＝54㎝
（3）102÷0.85＝120席

問3

（1）25%　（2）９÷30＝0.3倍
（3）21600÷0.18＝120000円

問4

住居費 42%
食費　 27%
衣料費 19%
光熱費 5%
その他 7%
合計　 100%

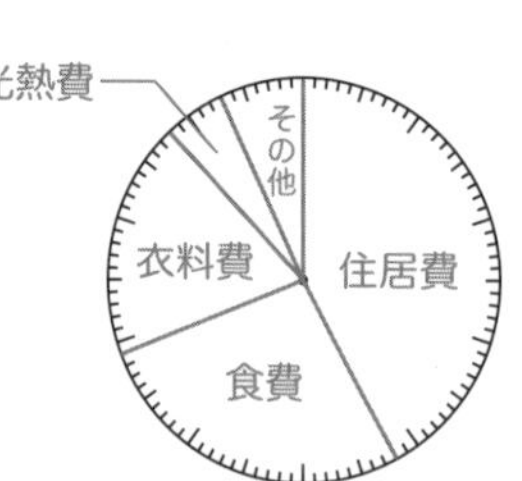

JUMP／針でわける

問1

12時24分

問2

12時18分

問3

12時12分27秒

問4

12時15分33秒

JUMP／ハニカム計算めいろ

問1

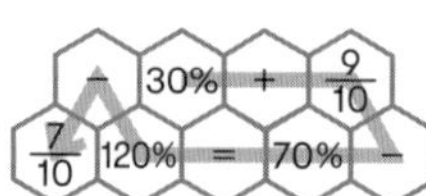

問2

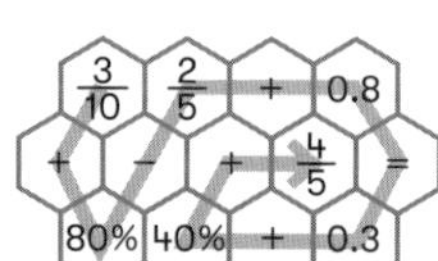

問3

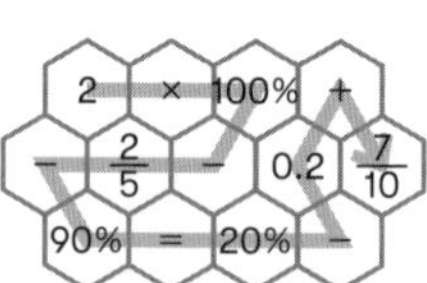

問4

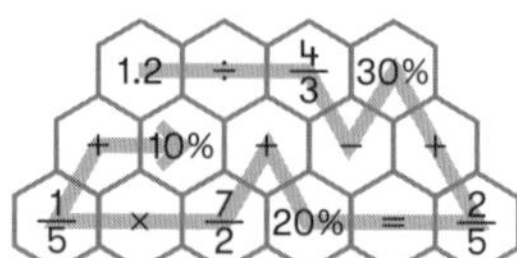

問5

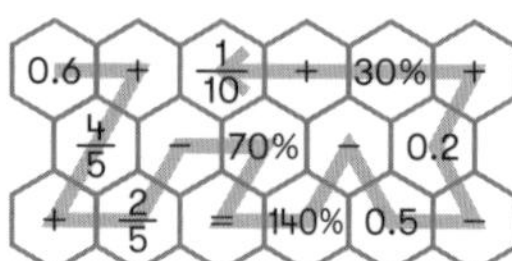

問6

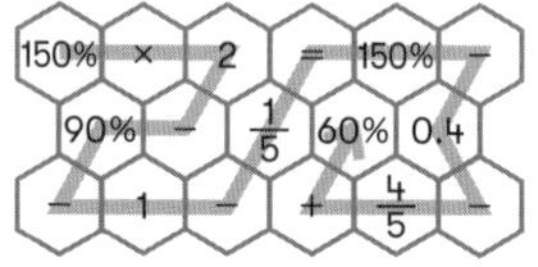

単元❹ 単元レベル：5年生

速さ

この単元のゴール

▶速さの3つの公式をマスターして使えるようになる

時速（1時間あたりに進む距離）、分速（1分間あたりに進む距離）、秒速（1秒間あたりに進む距離）の3つで表します。

たとえば、1時間に12km走る自転車の速さは、「時速12km」と表せます。ほかにも「毎時12kmの速さ」や、「12km／時」と表すこともあります。

例 1時間に90km進む速さ

→ 時速90km、毎時90kmの速さ、90km／時

2 時間は

ある距離を、ある速さで進んだ時にかかった時間のことをいいます。

3 道のりとは

ある場所から目的地までの距離のことをいいます。
ある速さ（秒速・分速・時速）で、どれだけの距離を進んだのかで求めることができます。

4 速さ・時間・道のりの関係

> **例**
> ❶ 210㎞を3時間で走る車の速さは、時速70㎞です。
> ❷ 時速70㎞で走る車が3時間走ると、210㎞進みます。
> ❸ 時速70㎞で走る車が210㎞走るのに、3時間かかります。

これを図で表すと、

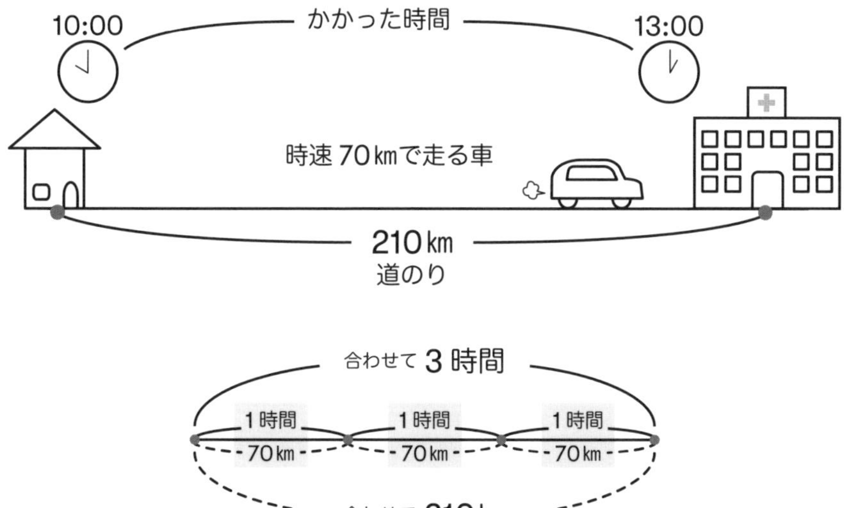

❶ 図において、＿＿＿＿は時速を表しています。時速は1時間に進む道のりで表した速さですから、210㎞を3時間で走るとき、1時間で何㎞走るかを求めればよいことになります。
よって、道のりを時間で割れば速さが求められるので、時速は

210㎞÷3時間＝70㎞/時
（道のり）（時間）（速さ）

❷ 図において、　　　　は道のりを表しています。1時間に70㎞進む車が3時間走ったとき、何㎞進むかを求めればよいので、速さに時間をかければ、道のりが求められます。よって道のりは、

70㎞／時×3時間＝210㎞
速さ　　　時間　　　道のり

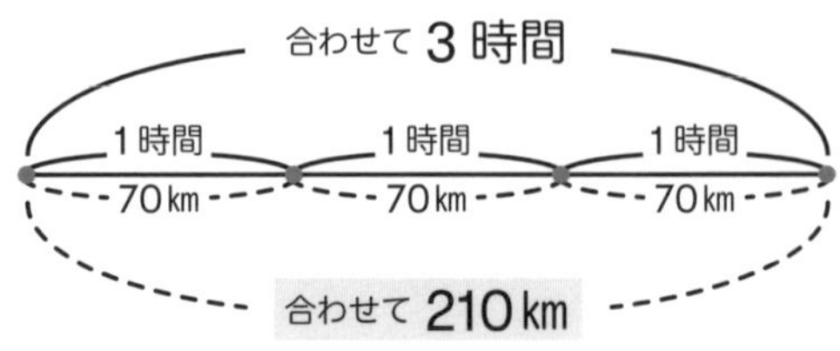

❸ 図において、　　　　は時間を表しています。1時間に70㎞進む車が、210㎞を何時間で走るかを求めればよいので、道のりを速さでわれば、時間が求められます。よって時間は、

210㎞÷70㎞／時＝3時間
道のり　　速さ　　　時間

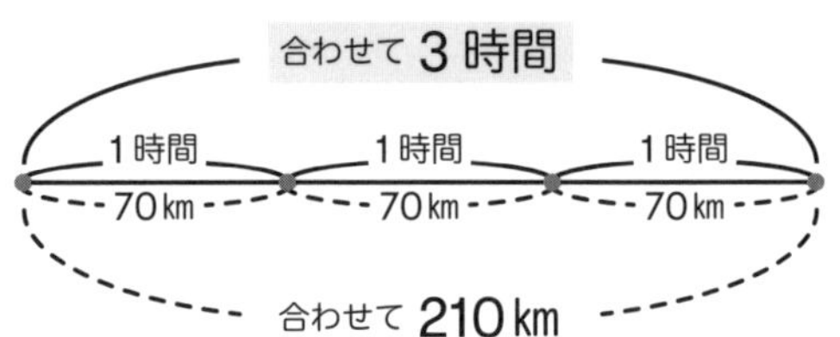

5 3つの公式

速さ・道のり・時間は、それぞれ右の公式から求められます。

❶ 速さ＝道のり÷時間

❷ 道のり＝速さ×時間

❸ 時間＝道のり÷速さ

6 単位換算

例
❶ 時速3.6㎞を分速にすると、分速60m。
❷ 分速60mで12分50秒歩くと、770m進みます。
❸ 4.5㎞を分速60mで歩くと、1時間15分かかります。

単位換算が必要な問題は単位をそろえて計算しよう。

❶ 時速3.6㎞は1時間に3.6㎞進みます。
1時間は60分で、3.6㎞は3600mと表せるため、分速は3600m÷60分＝60m/分となります。

❷ 分速60mを秒速にすると、1分は60秒と表せるため、60m/分÷60＝1m/秒となります。
分速60mで12分歩くと60m/分×12分＝720m進み、秒速1mで50秒あるくと1m/秒×50秒＝50m進むので、合わせて770m進みます。

❸ 4.5㎞は4500mと表せるため、分速60mでわると4500m÷60m/分＝75分なので、1時間15分となります。

力だめし

問1 次の問いに答えましょう。

（1）2時間で960㎞進む乗り物の速さは、時速何㎞ですか。

（2）分速30mで進む電車が、45分間走り続けました。何m進みましたか。

（3）960mを分速120mで走ります。何分かかりますか。

（4）自転車Aは時速19.8㎞で走ります。自転車Bは秒速5mで走ります。このとき、自転車AとBはどちらが遅いですか。

（5）時速3㎞で28分間歩いたとき、何m進みますか。

（6）450mを時速9㎞で走ります。何秒かかりますか。

パズル

STEP トンネル通過パズル

ルール

❶ 1つの車両の長さが15mある10両編成の電車が、分速1.2kmで走ります。

❷ この電車が長さ250mのトンネルを通過するのに、何秒かかりますか。

❸ ただし、車両と車両のすき間は考えないものとします。

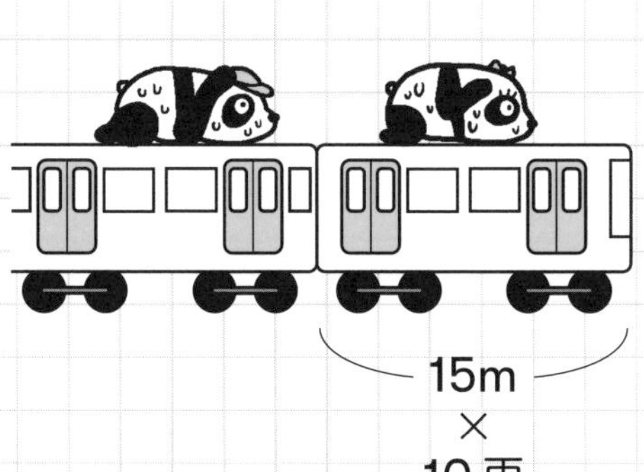

トンネルの長さ
250m

解答と解き方

20秒

❶ 1つの車両の長さは15mあるので、電車全体で150mあります。

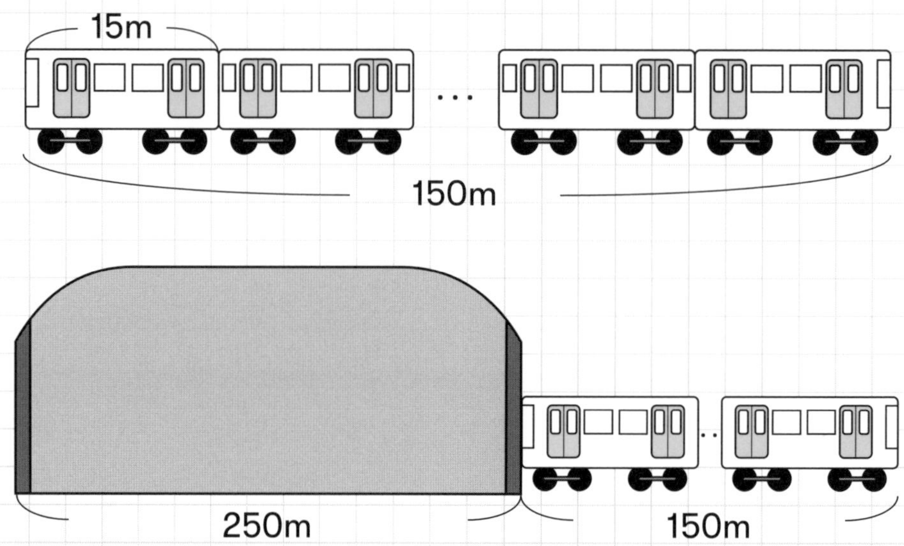

❷ 電車がトンネルから完全に抜けるには、

250＋150＝400（m）走ります。

❸ 電車は分速1.2㎞で走るので、秒速にすると

1200÷60＝20

❹ よって、この電車がトンネルを通過するのに

400÷20＝20（秒）かかります。

パズル

JUMP トンネル通過パズル

問1

1つの車両の長さが20mある電車が8両編成で、分速1200mで走ります。
この電車が長さ440mのトンネルを通過するのに、何秒かかりますか。

問2

全長が78mある電車が、時速60kmで走ります。
この電車が長さ922mのトンネルを通過するのに、何秒かかりますか。

問3

全長202mある電車が、時速60kmで走ります。

この電車が長さ698mのトンネルを通過するのに、何秒かかりますか。

問4

全長100mある電車が、時速30kmで走ります。

この電車が長さ275mのトンネルを通過するのに、何秒かかりますか。

パズル

STEP どこでおいつく？

ルール

❶ 1周1500mある池のまわりを、サンサンとスースーが走ります。池のまわりには500mごとに休憩所があります。

❷ A休憩所からサンサンが300m/分、C休憩所からスースーが250m/分の速さで同時に走り出しました。

❸ サンサンがスースーに追いつくのは次の①～⑤のうち、どの場所でしょう。

① A休憩所　② A休憩所とB休憩所の間　③ B休憩所
④ B休憩所とC休憩所の間　⑤ C休憩所

サンサン　300m/分

A休憩所

1周1500m
(500mごとに休憩所)

B休憩所

C休憩所

スースー
250m/分

① A休憩所

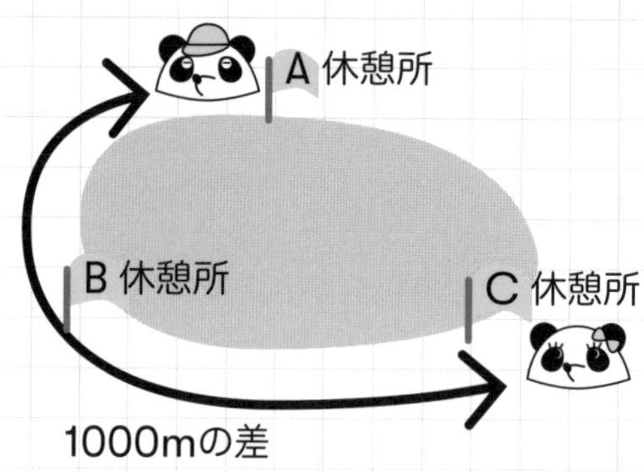

❶ サンサンがスースーに追いつく時間を□分とすると、C休憩所とA休憩所は1000mはなれているので、サンサンが走った距離はスースーが走った距離＋1000mになります。

❷ 距離は速さ×時間で表せるので、

サンサンが走った距離＝スースーが走った距離＋1000m

$$300 \times \square = 250 \times \square + 1000$$

$$\square = 20 \text{分}$$

❸ よって、サンサンは300×20＝6000m走ったところでスースーに追いつきます。6000mは池を4周したところなので、①のA休憩所が答えになります。

JUMP どこでおいつく？

問1

1周700mある池のまわりを、サンサンとスースーが走ります。
池のまわりには175mごとに休憩所があります。
A休憩所からサンサンが230m/分の速さで、D休憩所からスースーが180m/分の速さで同時に走り出しました。
サンサンがスースーに追いつくのは、次の①～⑤のうちどの場所でしょう。

① A休憩所　② B休憩所とC休憩所の間　③ C休憩所
④ C休憩所とD休憩所の間　⑤ D休憩所

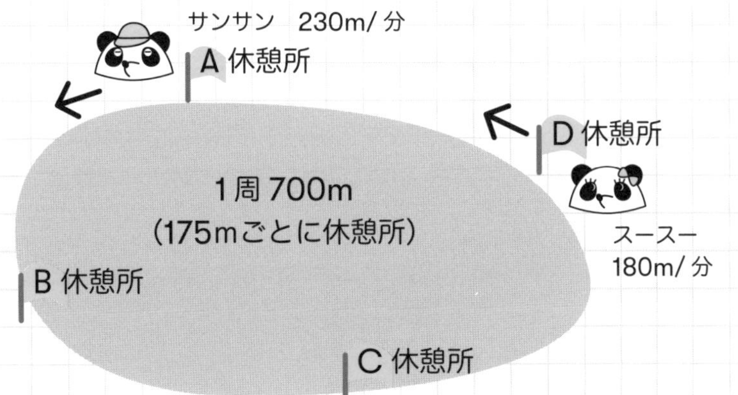

単元4 速さ ❺年生 JUMP▼どこでおいつく？

問2

1周2000mある池のまわりを、サンサンとスースーが走ります。池のまわりには休憩所がA、B、Cの3か所あります。
AとBの休憩所は200m、BとCの休憩所は1000m、CとAの休憩所は800m離れています。
下の図のように、A休憩所からサンサンが100m/分の速さで、C休憩所からスースーが60m/分の速さで矢印の方向に同時に走り出しました。
サンサンがスースーに追いつくのは次の①～⑤のうち、どの場所でしょう。

① A休憩所　② A休憩所とB休憩所の間　③ B休憩所
④ B休憩所とC休憩所の間　⑤ C休憩所

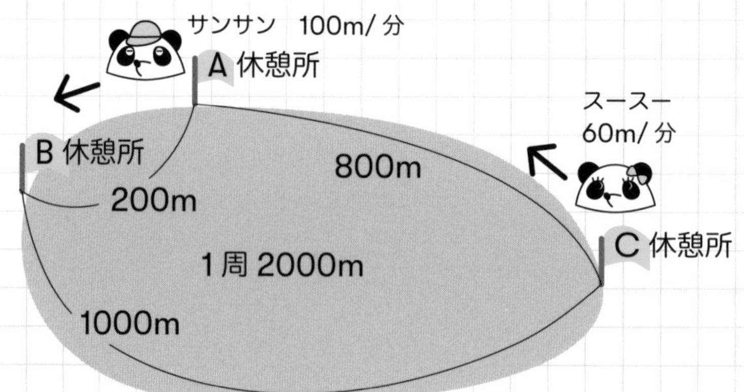

問3

1周3000mある池のまわりを、サンサンとスースーが走ります。

池のまわりには600mごとに休憩所があります。

A休憩所からサンサンが300m/分の速さで、E休憩所からスースーが150m/分の速さで走ります。

サンサンはスースーが走り出してから12分後に走り出しました。

サンサンがスースーに追いつくのは、次の①〜⑤のうちどの場所でしょう。

① A休憩所　② B休憩所　③ C休憩所
④ D休憩所　⑤ E休憩所

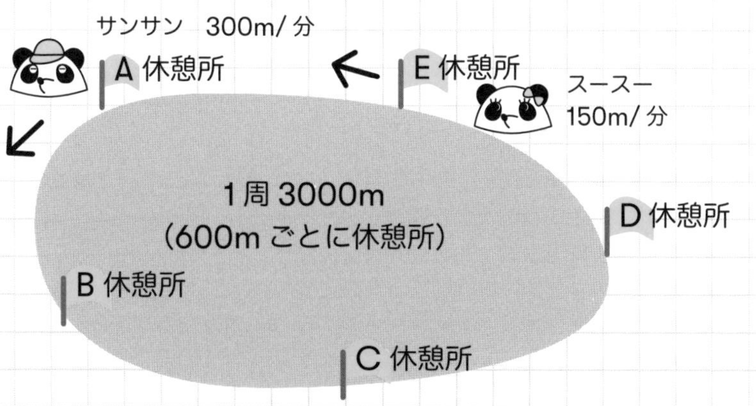

単元4 速さ ⑤年生 JUMP▼どこでおいつく？

力だめし & JUMPの解答

力だめし

（１）時速480㎞

（２）1350m

（３）８分

（４）自転車B

（５）1400m

（６）180秒

JUMP／電車通過パズル

440＋(20×８)＝600

1200÷60＝20

600÷20＝30秒

問 2

922＋78＝1000

60000÷60＝1000

1000÷1000＝１(分)＝60秒

問 3

698＋202＝900

60000÷60＝1000

900÷1000＝0.9(分)

0.9×60＝54秒

問 4

275＋100＝375

30000÷60＝500

375÷500＝0.75(分)

0.75×60＝45秒

JUMP／どこでおいつく

問 1

②

問 2

④

問 3

⑤

単元5 単元レベル：5年生

比例と反比例

この単元のゴール

▶比例と反比例のグラフのかき方をマスターする

2つの数量があり、一方が2倍、3倍…と変化するにつれて、もう一方も2倍、3倍…と変化することを、「比例」といいます。

比例の式は、「$y = a \times x$」で表されます。aには決まった数が入ります。

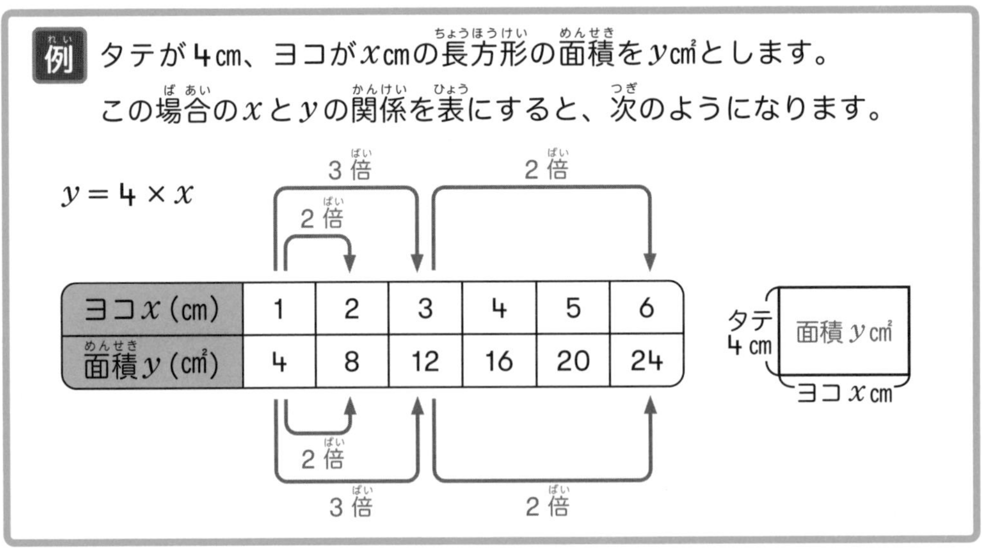

例 タテが4cm、ヨコが$x$cmの長方形の面積を$y$cm²とします。
この場合のxとyの関係を表にすると、次のようになります。

$y = 4 \times x$

ヨコx(cm)	1	2	3	4	5	6
面積y(cm²)	4	8	12	16	20	24

上の表をみると、xが2倍、3倍、…になると、それにともなってyも2倍、3倍、…になっていることがわかります。

このとき、「yはxに比例する」といいます。この場合の決まった数(a)は4なので、「$y = 4 \times x$」の式が成り立ちます。

2 反比例とは

2つの数量があり、一方が2倍、3倍…と変化するにつれて、もう一方が $\frac{1}{2}$ 倍、$\frac{1}{3}$ 倍…と変化することを、「反比例」といいます。

反比例の式は、「$y = a \div x$」で表されます。a には決まった数が入ります。

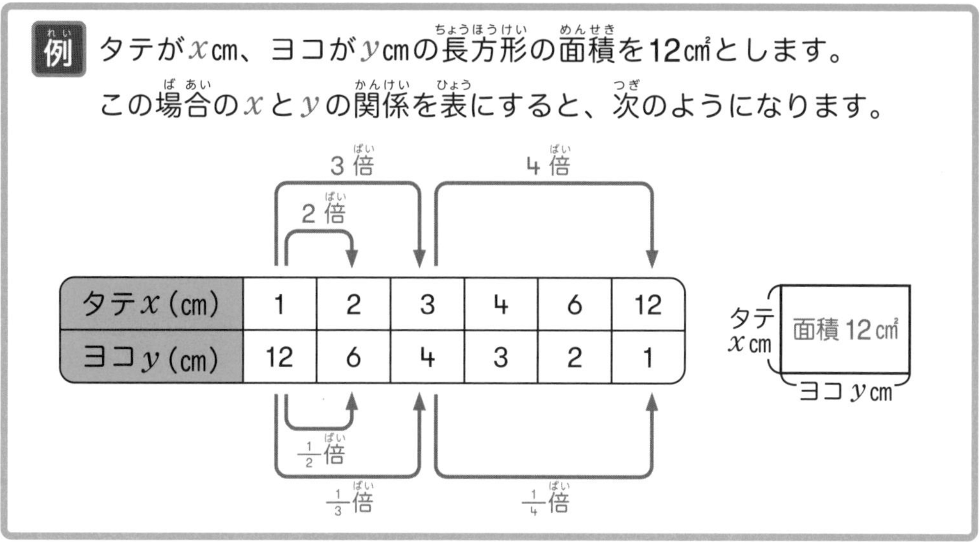

例 タテが x cm、ヨコが y cmの長方形の面積を12㎠とします。
この場合の x と y の関係を表にすると、次のようになります。

タテ x (cm)	1	2	3	4	6	12
ヨコ y (cm)	12	6	4	3	2	1

上の表をみると、x が2倍、3倍、…になると、それにともなって y が $\frac{1}{2}$ 倍、$\frac{1}{3}$ 倍、…になっていることがわかります。

このとき、「y は x に反比例する」といいます。この場合の決まった数（a）は12なので、「$y = 12 \div x$」の式が成り立ちます。

3 比例のグラフ

比例のグラフは、0の点を通る直線になります。グラフのかき方について、「$y = 2 \times x$」を例にして考えてみましょう。

ステップ① xとyの関係を表にかきます。

x	0	1	2	3	4	5
y	0	2	4	6	8	10

ステップ②

表をもとに、横軸はxを、

たて軸はyを表した方眼上に点をとります。

ステップ③

ステップ②でとった点を直線で

つなぎます。

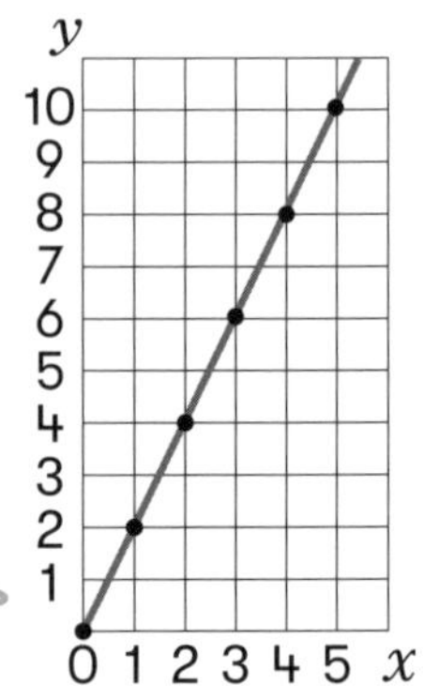

注意

右のグラフは直線ですが、0の点を通っていないので、比例のグラフではありません。「0を通る直線」が比例のグラフであることを押さえておきましょう。

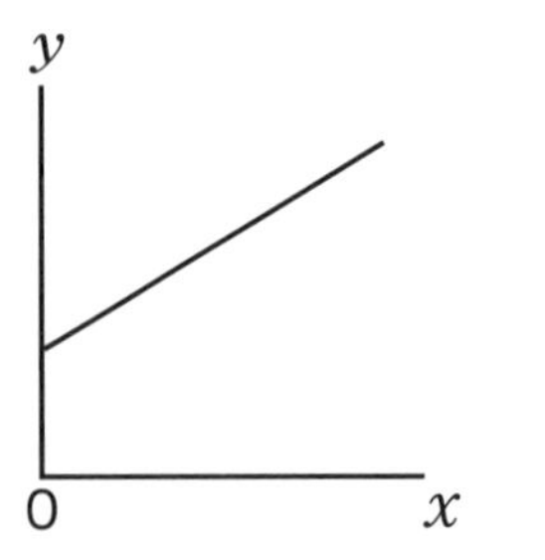

4 反比例のグラフ

反比例のグラフは、なめらかな曲線になります。グラフのかき方について、「$y = 12 \div x$」を例にして考えてみましょう。

ステップ① xとyの関係を表にかきます。

x	1	2	3	4	6	12
y	12	6	4	3	2	1

ステップ② 表をもとに、横軸はxを、
たて軸はyを表した方眼上に点をとります。

ステップ③ ステップ②でとった点を、定規は使わずに、
手がきのなめらかな曲線でつなぎます。

注意

点同士をつなぐとき、定規を使って直線でつながずに、手がきで、なめらかな曲線をかくようにしましょう。

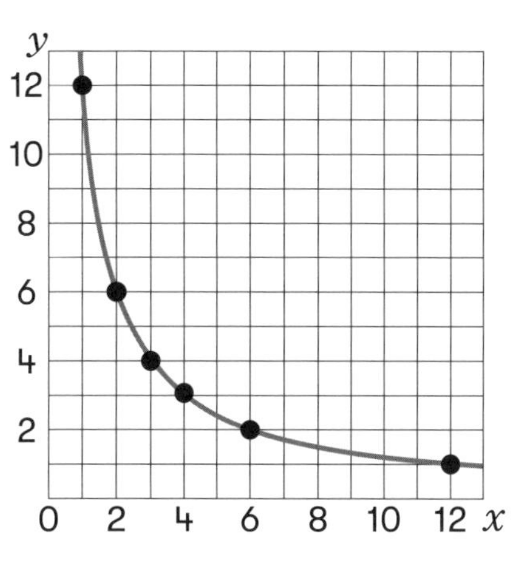

力だめし

問1 下の表を見て、次の問いに答えましょう。

x	0	1	2	3	4
y	0	3	6	9	12

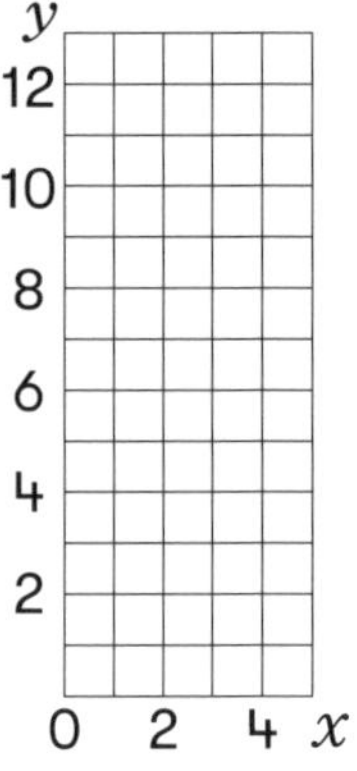

（1）yをxの式で表しましょう。

（2）xが 9 のとき、yはいくつになりますか。

（3）xとyの関係を、右のグラフにかきましょう。

問2 下の表を見て、次の問いに答えましょう。

x	1	2	4	8
y	8	4	2	1

（1）yをxの式で表しましょう。

（2）xの値が 3 倍になると、yの値は何倍になりますか。

（3）xとyの関係を、下のグラフにかきましょう。

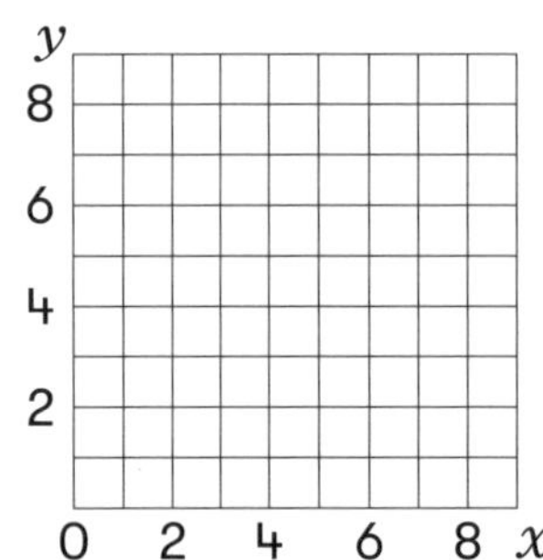

STEP 仲間さがしパズル

動画もあるよ！

ルール

❶ いくつかの長方形や正方形があります。

❷ 同じ面積になる図形を答えましょう。

❸ また、同じ面積になる図形について、x軸、y軸に各辺の長さを当てはめ、反比例のグラフで表してみましょう。

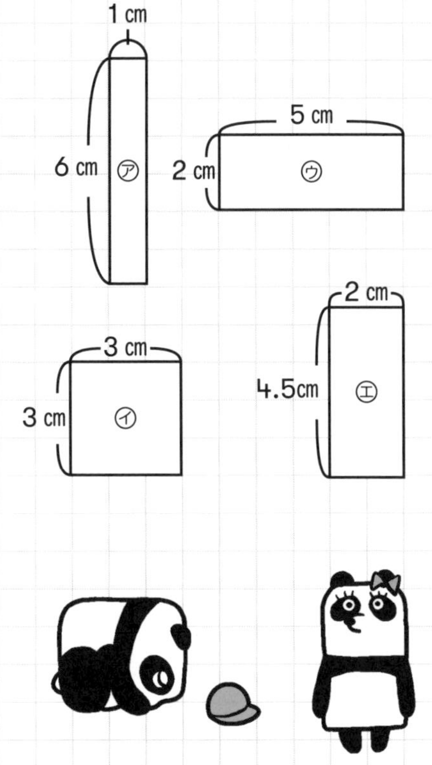

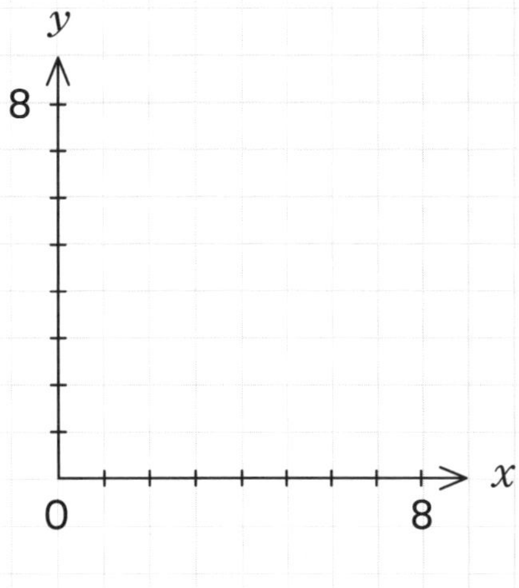

解答と解き方

㋑　と　㊁

❶ ㋐はたて6㎝、よこ1㎝の長方形なので、6 × 1 = 6㎠

❷ ㋑は一辺の長さが3㎝の正方形なので、3 × 3 = 9㎠

❸ ㋒はたて2㎝、よこ5㎝の長方形なので、2 × 5 = 10㎠

❹ ㊁はたて4.5㎝、よこ2㎝の長方形なので、4.5 × 2 = 9㎠

❺ ❷、❹より、同じ面積になるのは、㋑と㊁

❻ また、反比例のグラフは、xの値とyの値を掛け合わせた値が一定になります。つまり、㋑と㊁は同じ反比例のグラフで表すことができます。反比例のグラフは、下のようなグラフになります。

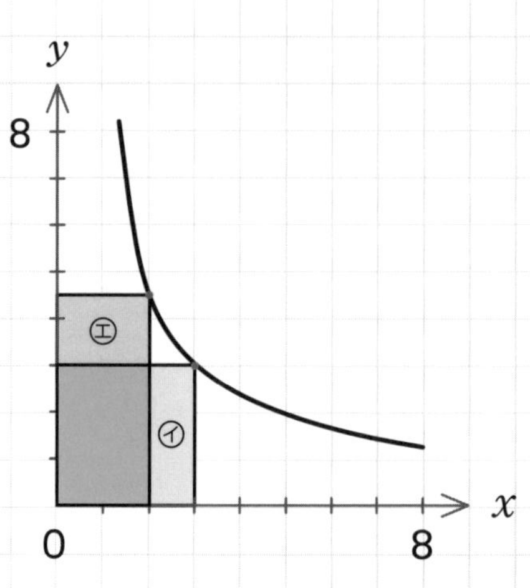

パズル

JUMP 仲間さがしパズル

問1

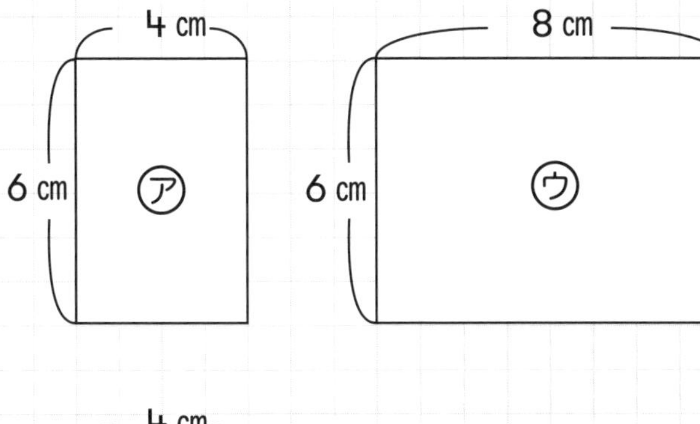

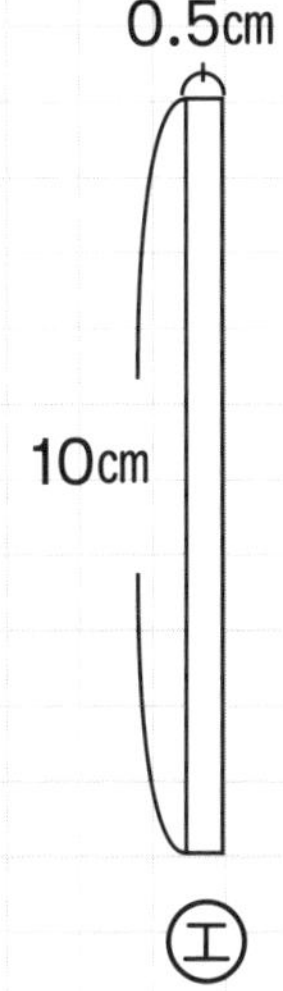

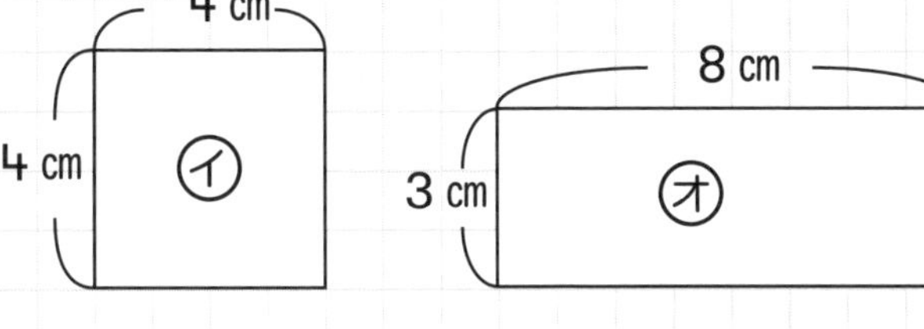

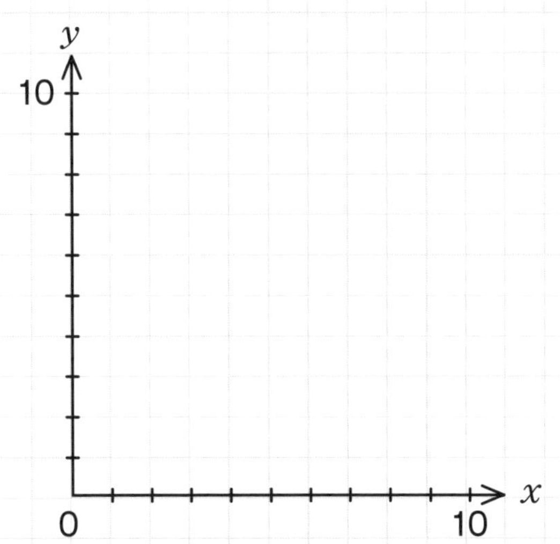

問 2

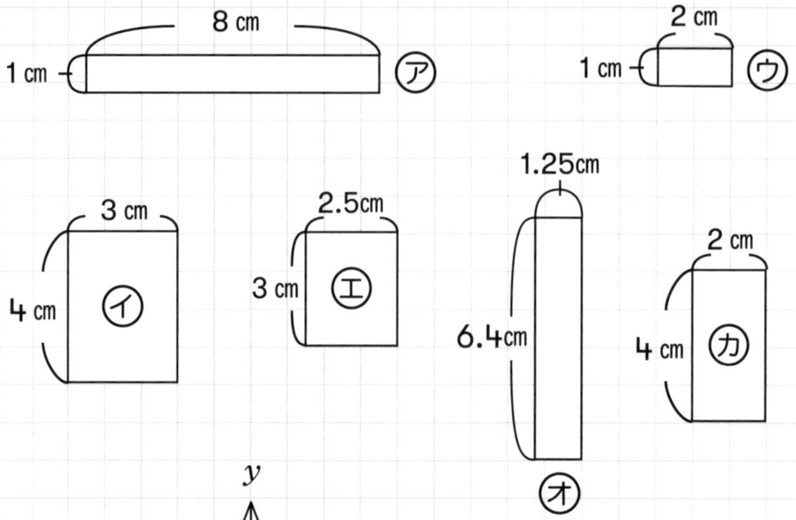

8 cm
1 cm
ア
2 cm
1 cm
ウ
3 cm
4 cm
イ
2.5cm
3 cm
エ
1.25cm
6.4cm
オ
2 cm
4 cm
カ
y 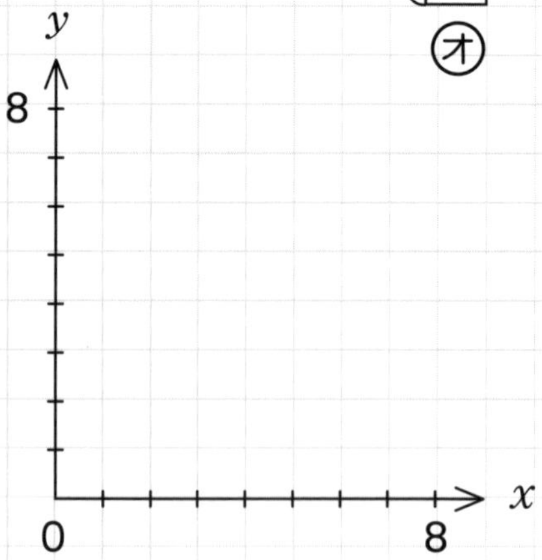
8
0
8
x

パズル

STEP 階段パズル

ルール

❶ 規則性のある階段があります。

❷ それぞれの○に入る数字を考えましょう。

❸ 小数で表せない数は、分数で表しましょう。

例

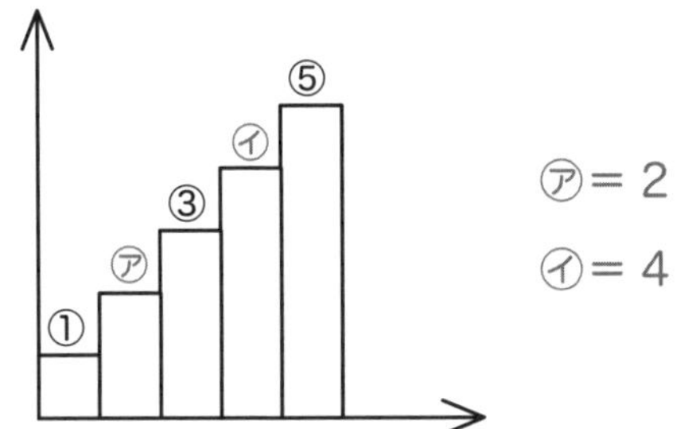

㋐＝2

㋑＝4

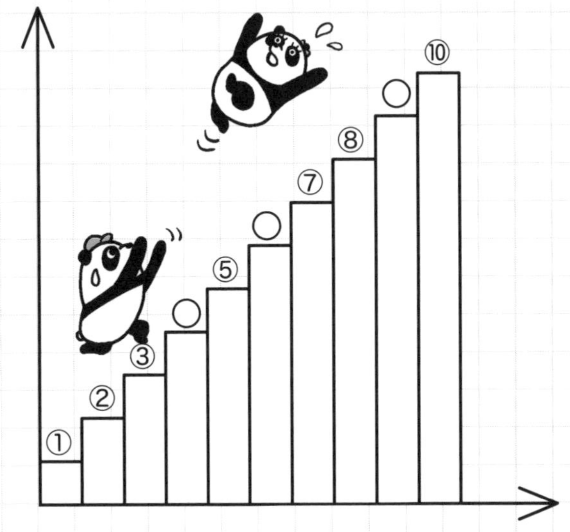

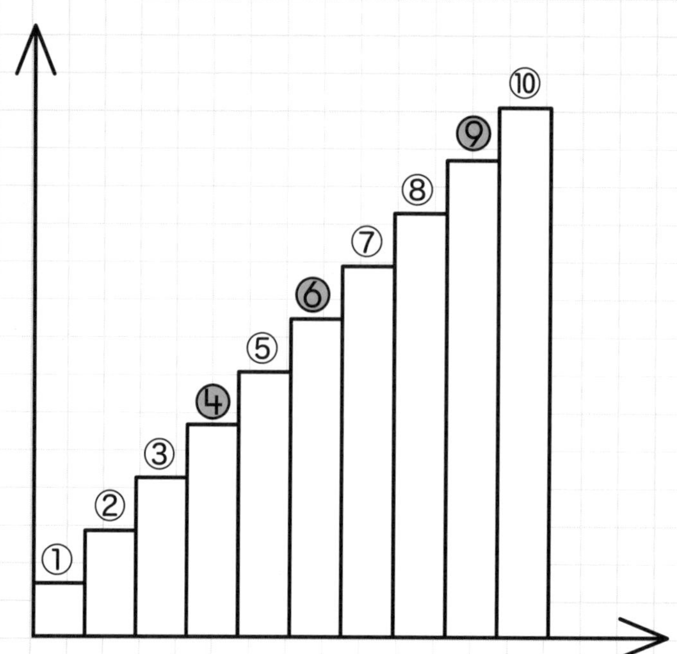

❶ 1段目と2段目で、○の中の数は1→2と変化しています。ほかの段を見ても同様なので、1段増えるごとに○の中の数は1増えることが分かります。

❷ ❶より、4段目には4、6段目には6、9段目には9が入ることが分かります。

問1

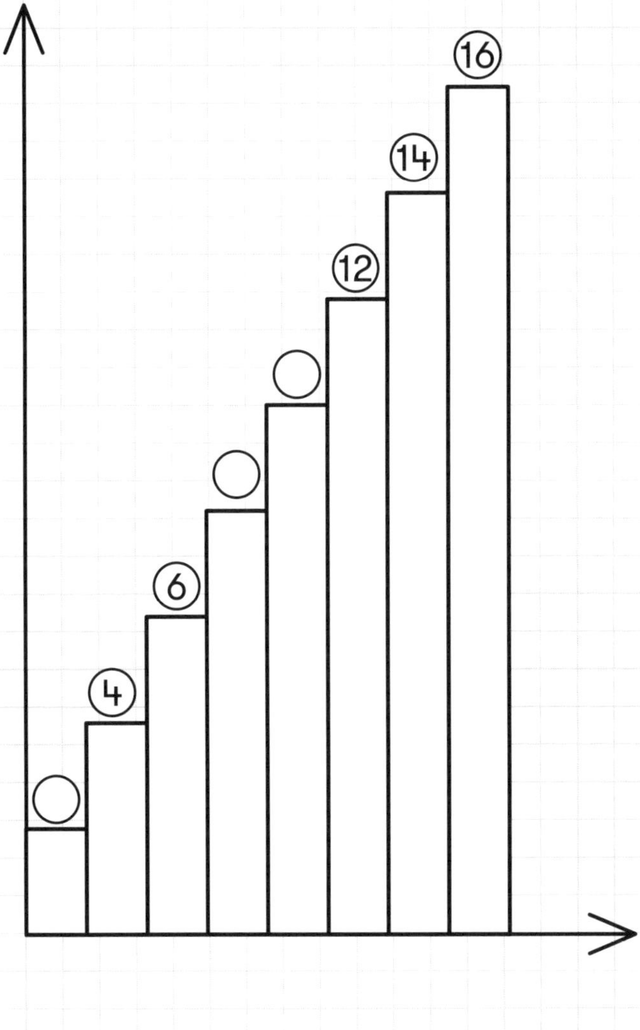

とい
問 2

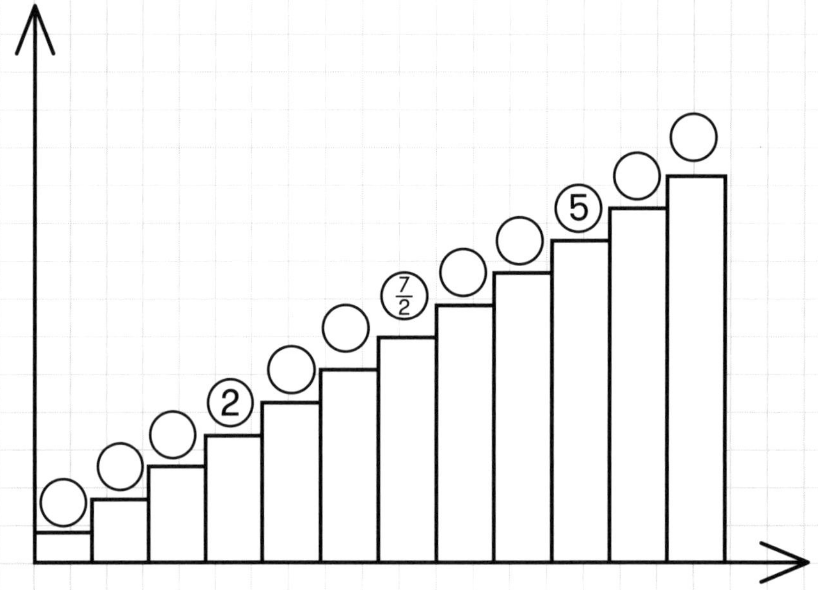
2
$\frac{7}{2}$
5

問3

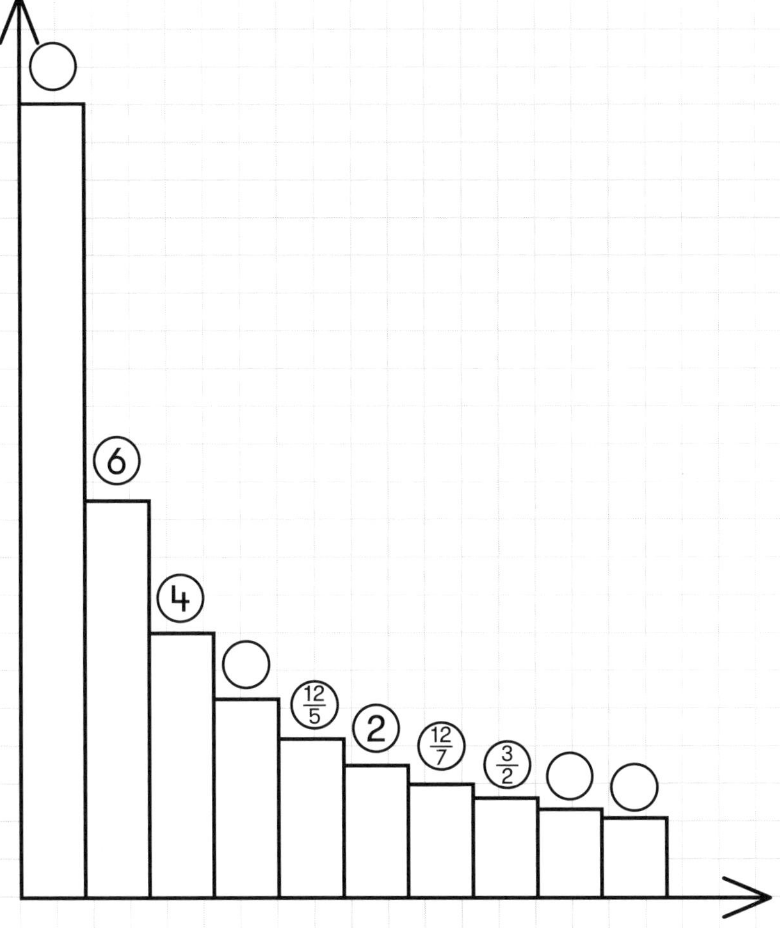

力(ちから)だめし & JUMPの解答(かいとう)

力だめし

問1　（1）$y = 3 \times x$　（2）27

（3）

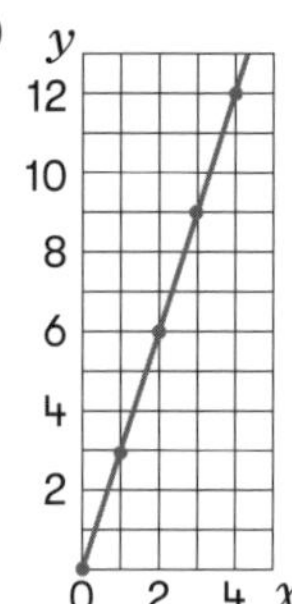

問2　（1）$y = 8 \div x$　（2）$\frac{1}{3}$倍

（3）

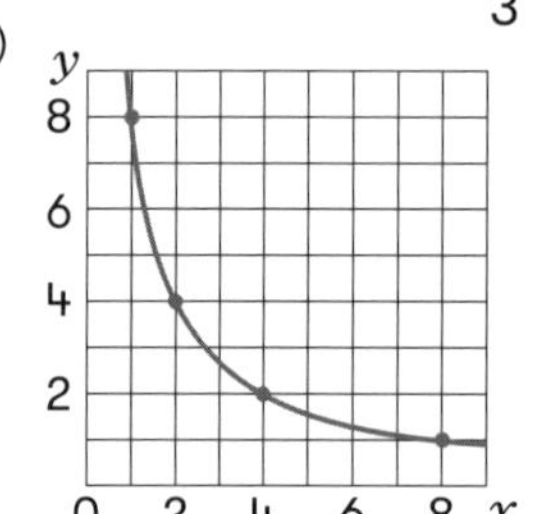

JUMP／面積と反比例のグラフ

問1　アとオ

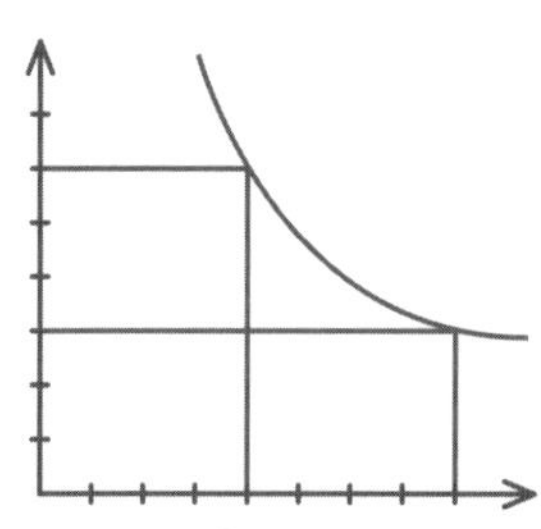

問2　アとオとカ

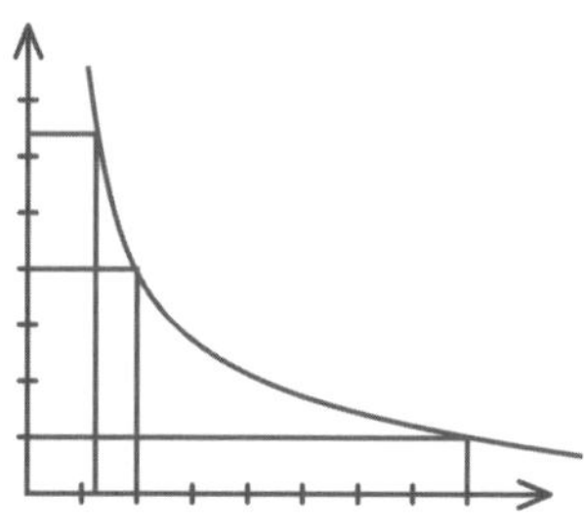

JUMP／階段パズル

問1

②　④　⑥　⑧　⑩　⑫　⑭　⑯

問2

($\frac{1}{2}$)　①　($\frac{3}{2}$)　②　($\frac{5}{2}$)　③　($\frac{7}{2}$)

④　($\frac{9}{2}$)　⑤　($\frac{11}{2}$)　⑥

問3

⑫　⑥　④　③　($\frac{12}{5}$)　②

($\frac{12}{7}$)　($\frac{3}{2}$)　($\frac{4}{3}$)　($\frac{6}{5}$)

単元6 単元レベル：5年生

平均

この単元のゴール

▶平均、合計、個数、3つの関係性をマスターする

HOP 単元のまとめ

1 平均とは

いくつかの数値がある場合に、それぞれの数値の合計を数値の個数で割ったものを「平均」といいます。
たとえば、3匹のパンダがりんごをそれぞれ3個、2個、1個ずつ持っている場合、下のようなイメージになります。

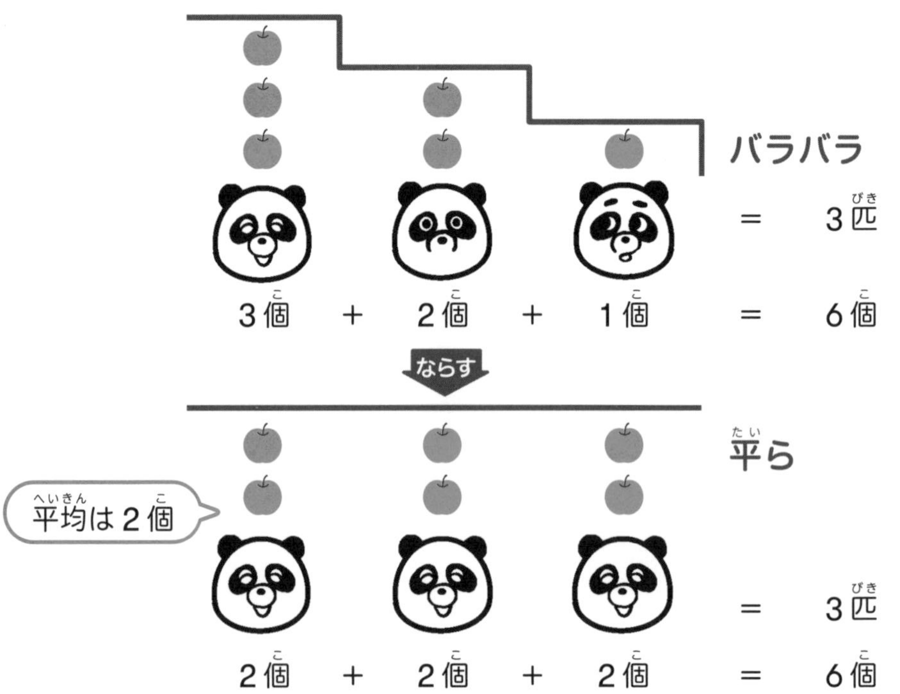

バラバラの数値を、合計と個数を変えずに平らに（同じ数値に）「ならす」イメージです。

2 平均の公式

平均は、下の公式で求めることができます。

平均 = 数値の合計 ÷ 数値の個数

下の表は、7人の小テストの点数をまとめたものです。このデータを例に、平均の公式について考えていきましょう。

Aさん	Bさん	Cさん	Dさん	Eさん	Fさん	Gさん
8点	5点	6点	10点	3点	4点	6点

7人の平均点を求めます。

ステップ①　まず、数値の合計、つまり7人の合計点を求めます。

8 + 5 + 6 + 10 + 3 + 4 + 6 = 42点

ステップ②　次に、この合計点を数値の個数、つまり人数で割ります。

42(点) ÷ 7(人) = 6点

よって、7人の平均点は6点です。

3 平均の公式の利用

平均の公式を変形することで、「数値の合計」や「数値の個数」も求めることができます。上の平均の公式と合わせて覚えておきましょう。

- **数値の合計 = 平均 × 数値の個数**
- **数値の個数 = 数値の合計 ÷ 平均**

4 面積図を使った考え方

右のように数量の関係を表した長方形の図を「面積図」といいます。平均にかんする問題について、面積図を使って考えてみましょう。

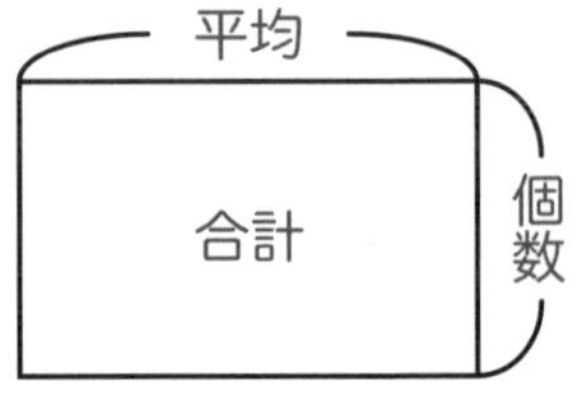

例 40人のクラスで算数のテストをしました。男子の平均点は全体の平均点より1.2点低く、女子の平均点は全体の平均点より0.8点高くなりました。このクラスの男子生徒の人数は何人ですか。

まず、たてを点数、よこを人数とした面積図をかきます。このとき、男子と女子、それぞれの面積図をくっつけた形でかきます。

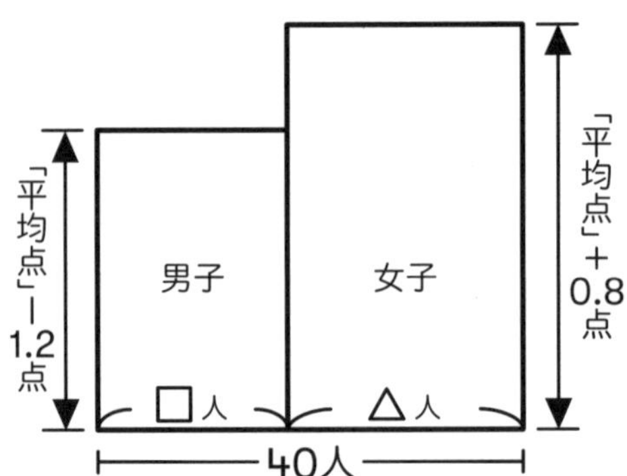

男女の平均のちがいから、面積図は上のようにデコボコになります。平均とは、このデコボコを平らにならすことです。このイメージを面積図に加えると、次のページのようになります。

出っぱっている㋑の部分を、へこんでいる㋐の部分に移して平らにするので、㋐と㋑の面積は等しくなります。面積の等しい2つの長方形で、たての比がa：bのとき、よこの比は $\frac{1}{a}:\frac{1}{b}$ になります。

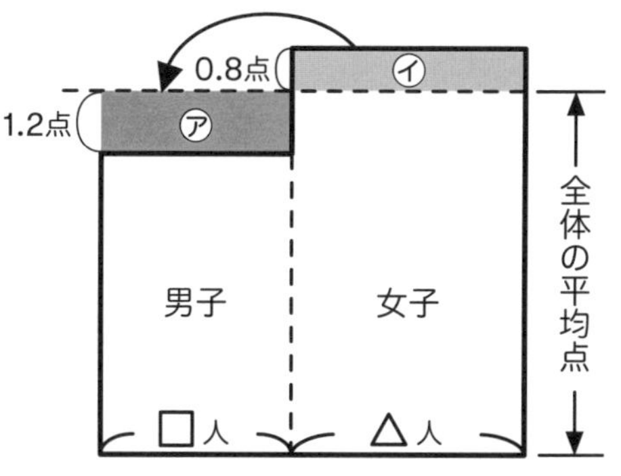

男子の人数を□人、女子の人数を△人とすると、㋐と㋑の面積の関係は1.2×□＝0.8×△と表すことができます。

㋐と㋑のたての比は1.2：0.8なので、□：△＝$\frac{1}{1.2}:\frac{1}{0.8}$＝2：3。

男子と女子の人数の比は男子：女子＝2：3になります。

全員で40人なので、男子の人数は、$40\times\frac{2}{2+3}$＝16人です。

比とは

例えば、1.2㎝と0.8㎝という2つの数の割合について、1.2：0.8（読み方は1.2対0.8）のように比べやすく表すことができます。このように表された割合を「比」といいます。

また、A：Bのとき、AとBに同じ数をかけても割っても比は等しくなるので、$\frac{1}{1.2}$と$\frac{1}{0.8}$に9.6をかけて、$\frac{1}{1.2}:\frac{1}{0.8}$＝8：12

4で割って、8：12＝2：3と表すことができます。

力だめし

問1　次の表は、8人の算数のテストの結果と8人の平均点をまとめたものです。次の問いに答えましょう。

	A	B	C	D	E	F	G	H	平均
点数	96	64	82	98	75	72		96	83

（1）Gの点数を求めましょう。

（2）A、B、C、Dの平均点を求めましょう。

問2　次の問いに答えましょう。

（1）あるクラスでテストを受けたところ、男子23人の平均点は72点、女子17人の平均点は80点でした。クラス全体の平均点は何点ですか。

（2）60人がテストを受けたところ、男子の平均点は全体の平均点より1.6点高く、女子の平均点は全体の平均点より0.8点低くなりました。このクラスの男子の人数は何人ですか。

STEP いくらでつり合う？

❶ 2つのビーカーの食塩水をまぜ合わせるとき、てんびんのつり合いの考え方を使えば、濃度や重さなどの値を求めることができます。
❷てんびんの棒のはしにまぜる前の食塩水のこさ（濃度）、支点に2つのビーカーの食塩水をまぜた後のこさ（濃度）をかきます。
❸ビーカーの中に食塩水の重さをかきます。
❹ 重さの逆比が、はしから支点までの長さの比になります。
❺ 100gの食塩水A（20％）と300gの食塩水B（4％）を混ぜ合わせてできる食塩水の濃度を求めましょう。

例

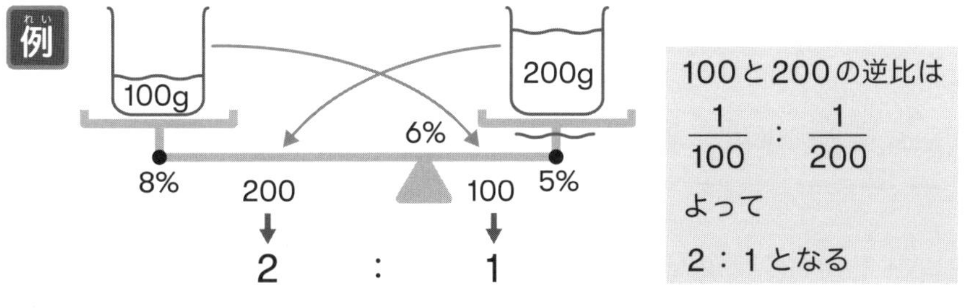

100と200の逆比は

$\frac{1}{100}$ ： $\frac{1}{200}$

よって

2：1となる

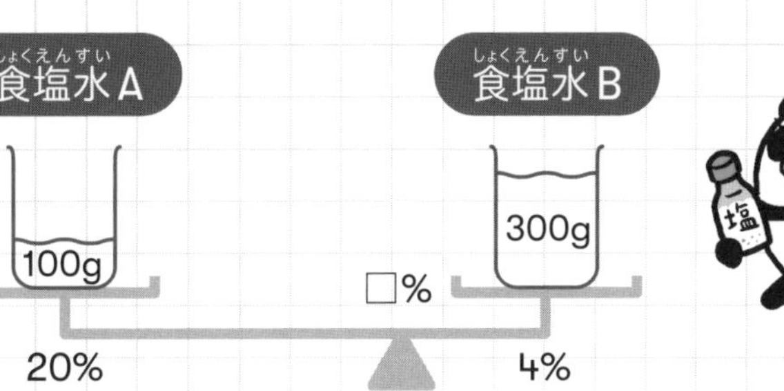

解答と解き方

8%

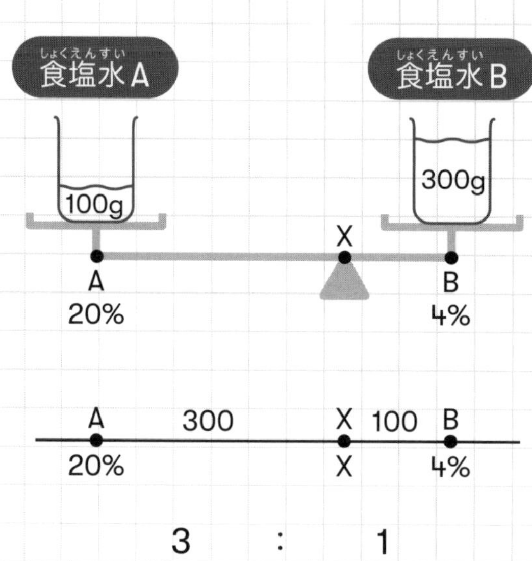

❶ 天びんのうでを数直線の一部として考えます。

❷ ここで、点Aは食塩水Aの濃度、点Bは食塩水Bの濃度、点Xは混ぜ合わせた食塩水の濃度を表しています。

❸ Xは4から20までを1：3に分けた点になるため、

20－4＝16

16÷（1＋3）＝4

4＋4＝8%

パズル

JUMP いくらでつり合う？

問1 300gの食塩水A（6％）と100gの食塩水B（14％）を混ぜ合わせてできる食塩水の濃度を求めましょう。

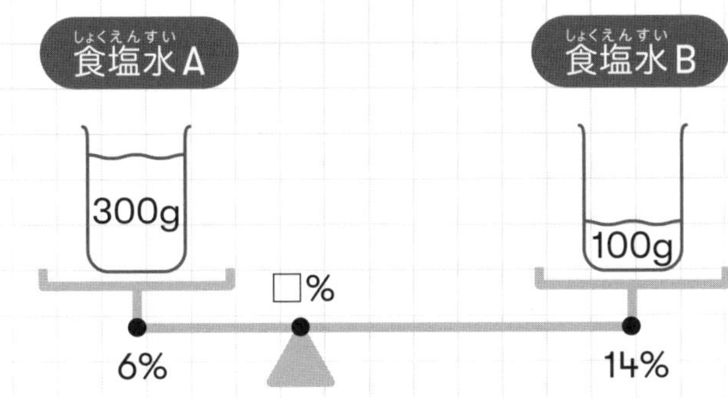

問2 ある量の食塩水A（18％）と300gの食塩水B（6％）を混ぜ合わせると、10％の食塩水ができました。
Aの量を求めましょう。

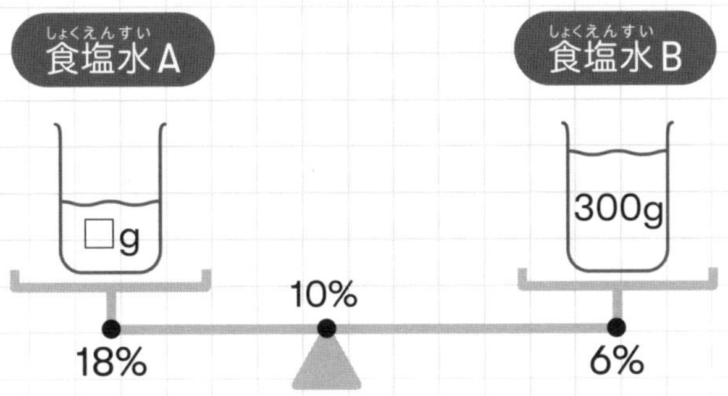

問3 20gの食塩水A（13%）とある量の食塩水B（3%）を混ぜ合わせると、5%の食塩水ができました。Bの量を求めましょう。

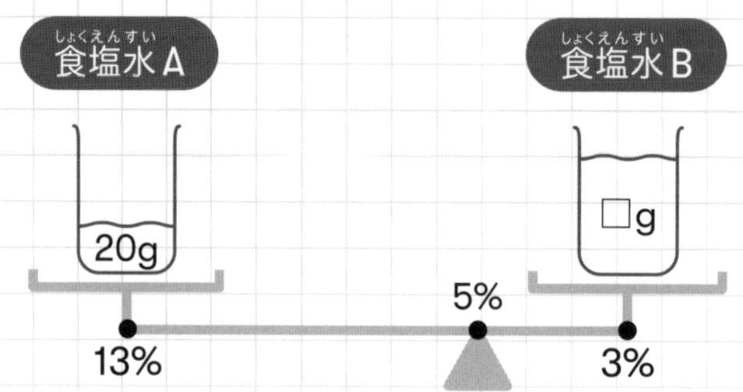

問4 ある濃度の食塩水A50gと2%の濃度の食塩水B 100gを混ぜ合わせると、6%の食塩水ができました。食塩水Aの濃度を求めましょう。

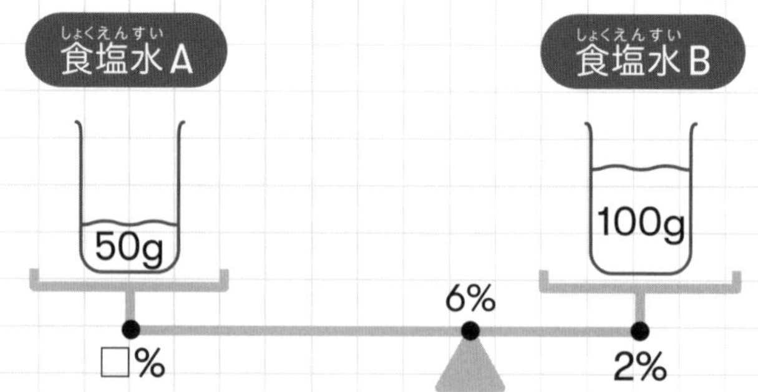

パズル

STEP ◯の中の数は？

動画もあるよ！

ルール

❶ たて・よこに並んだ◯の中に数を入れていきましょう。

❷ ただし、1つの◯がその上下左右にある4つの◯と短い線でつながっているとき、これら5つの◯のうち中央にある丸の中の数は、残りの4つの◯の中の平均になります。

例

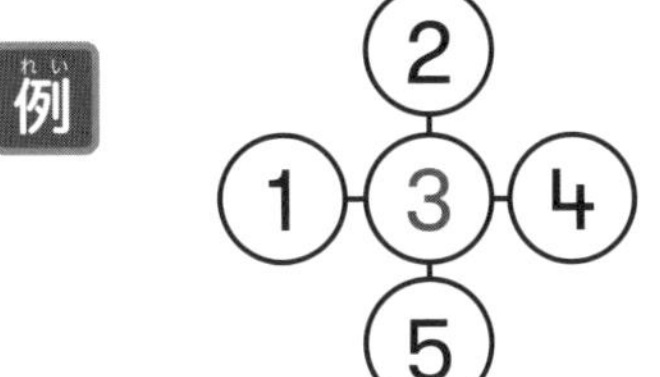

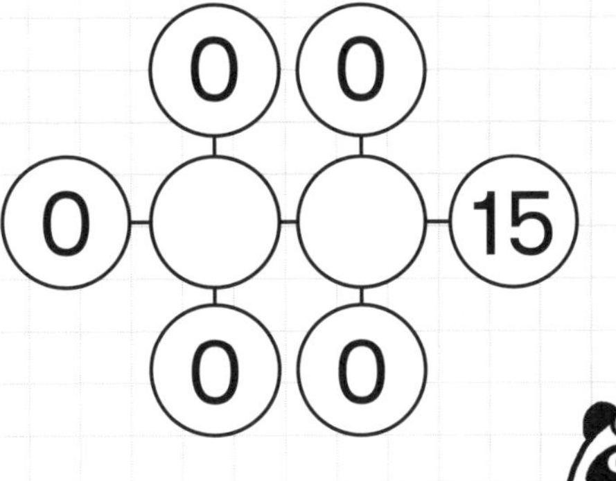

解答と解き方

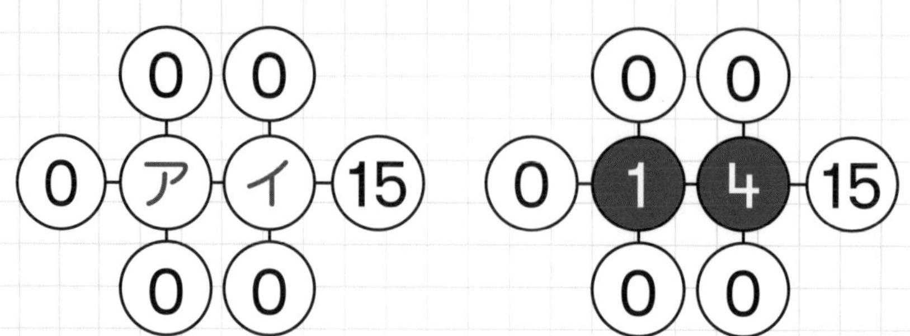

❶ まず、アについて考えます。アの上下と左の○の中はすべて0なので、イを4で割った数が答えになることがわかります。

❷ さらに、イの上下は0なので、イにはア＋15を4で割った数が入ります。

❸ アとイの関係は下の2つの式で表すことができます。

イ＝ア×4…①、イ＝(15＋ア)÷4…②

❹ ①、②より、ア×4＝(15＋ア)÷4

ア×16＝15＋ア

ア＝1

❺ ①より、イ＝1×4

＝4

よって、(ア、イ)＝(1、4) となり、上の答えになります。

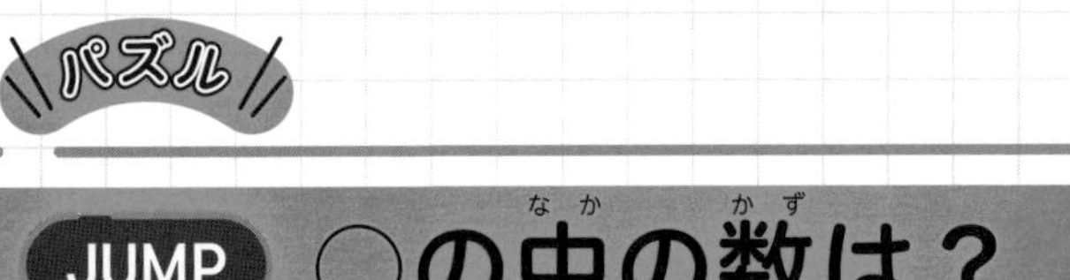

JUMP ◯の中の数は？

問1

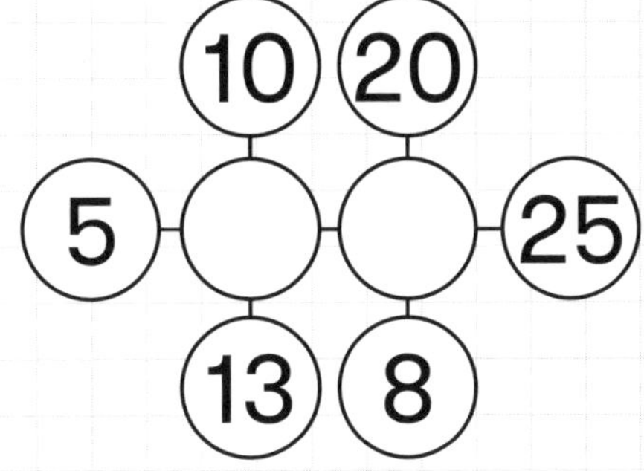

問2

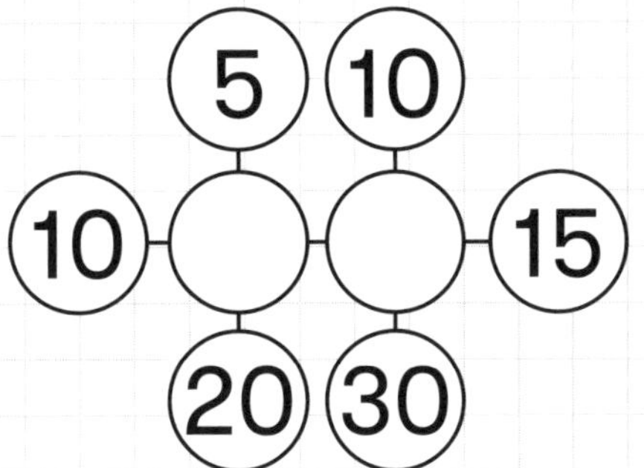

問3

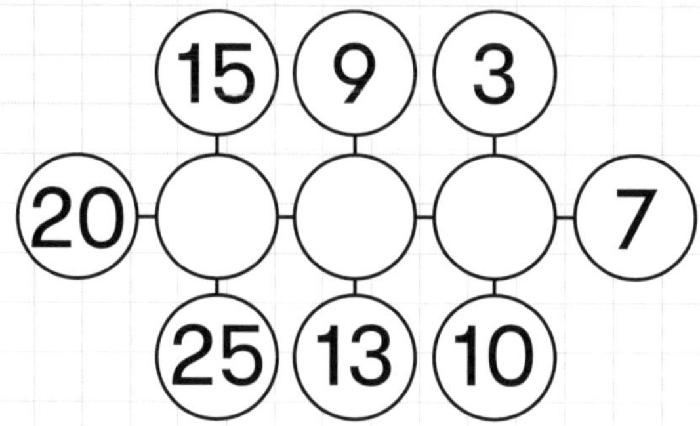

問4

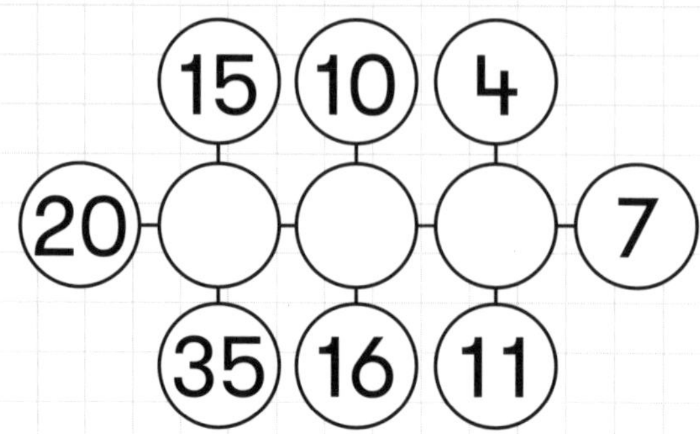

問 5

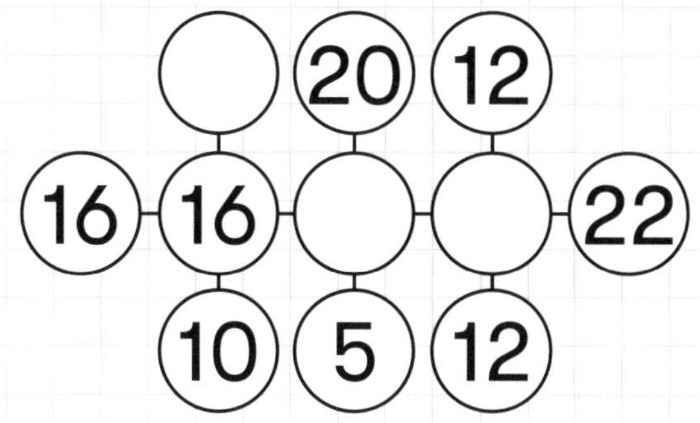
20
12
16
16
22
10
5
12

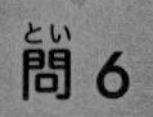
問 6

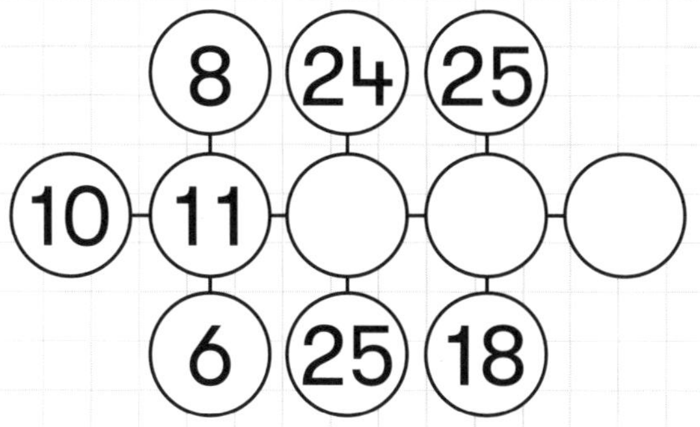
8
24
25
10
11
6
25
18

力だめし & JUMPの解答

力だめし

問1

（1）81点　　（2）85点

問2

（1）75.4点　（2）20人

JUMP／いくらでつり合う？

問1

14 − 6 = 8
8 ÷（1 + 3）= 2
6 + 2 = 8％

問2

10 − 6 = 4
18 − 10 = 8
8 ： 4 = 2 ： 1
300 ： □ = 2 ： 1
□ = 150g

問3

13 − 5 = 8（％）
5 − 3 = 2（％）
8 ： 2 = 4 ： 1
□ ： 20 = 4 ： 1
□ = 80g

問4

100 ： 50 = 2 ： 1
6 − 2 = 4（％）
4 × 2 = 8
6 + 8 = 14％

JUMP／○の中の数は？

問1

10 20
5 11 16 25
13 8

問2

5 10
10 13 17 15
20 30

問3

15 9 3
20 18 12 8 7
25 13 10

問4

15 10 4
20 21 14 9 7
35 16 11

問5

24 20 12
16 16 14 15 22
10 5 12

問6

8 24 25
10 11 20 20 17
6 25 18

単元7　単元レベル：6年生

円とおうぎ形

この単元のゴール

▶さまざまな三角形と四角形の面積の求め方のちがいをマスターする

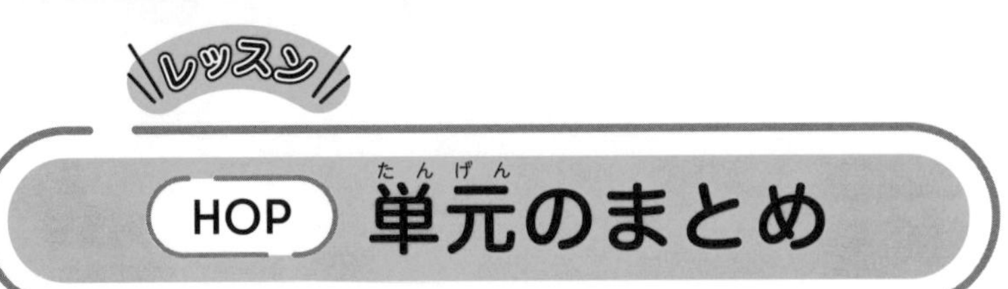

HOP 単元のまとめ

1 円とは

ある点から同じ距離にある点のあつまりでできる丸い形のことをいいます。

円のまわりのことを「円周」といいます。

また、円の真ん中の点を円の「中心」、両方のはしが円周上にあり、中心を通る直線を「直径」、中心から円のまわりまで引いた直線を円の「半径」といいます。直径は半径の2倍の長さです。

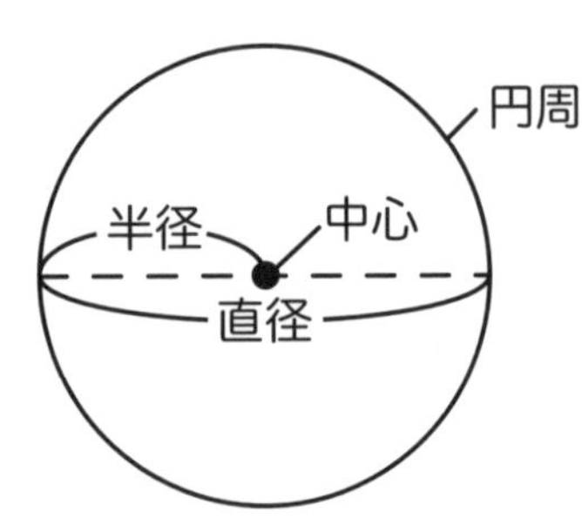

2 おうぎ形とは

2本の半径とその間の弧によってかこまれた形のことをいいます。

おうぎ形のうち、2つの半径をつなぐアーチ部分を「弧」といい、2つの半径がつくる角を「中心角」といいます。

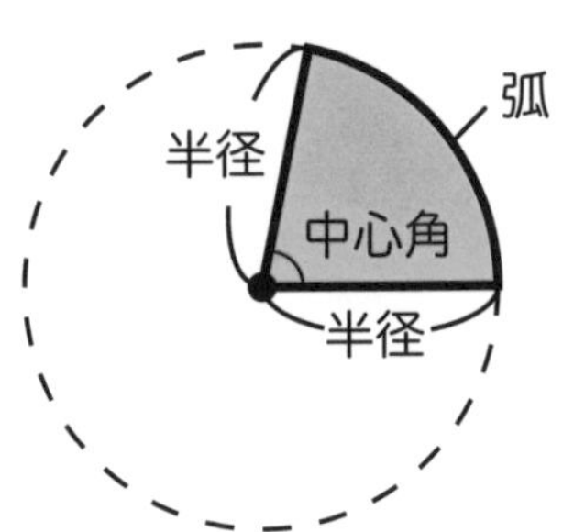

3 円周率とは

円周の長さを、直径の長さでわった数のことをいいます。

円周率は円の大きさにかかわらず一定で、その値は、3.1415926535 8979323846…と無限に続きます。円周率は3.14として計算することがほとんどで、3や3.1、$\frac{22}{7}$として計算することもあります。

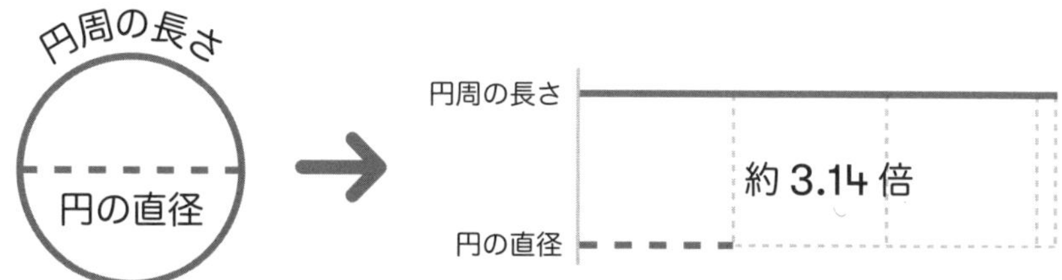

4 円周の長さと円の面積の求め方

- 円周の長さ＝直径×円周率 または 半径×2×円周率
- 円の面積＝半径×半径×円周率

円をおうぎ形に64等分して並べてみると、このようになります。

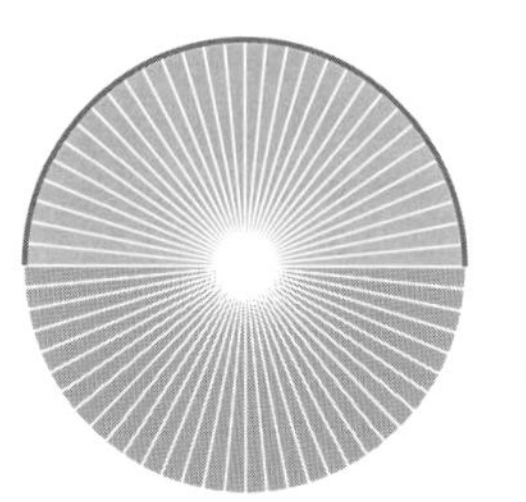

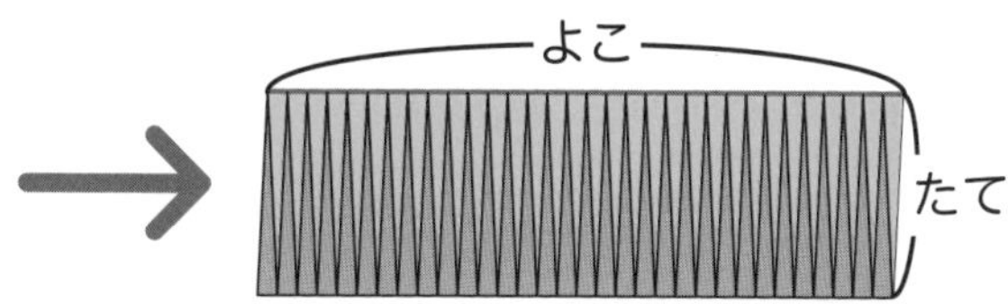

円を細かく等分して並べてみると、長方形に近い形になります。

右上の図形のよこの長さは円周の半分に、たての長さは円の半径になります。
長方形の面積はたて×よこで求められるので、円の面積は半径×半径×円周率になります。

5 おうぎ形の弧の長さと面積の求め方

● おうぎ形の弧の長さ＝

直径×円周率×$\frac{中心角}{360}$ または 半径×2×円周率×$\frac{中心角}{360}$

● おうぎ形の面積＝半径×半径×円周率×$\frac{中心角}{360}$

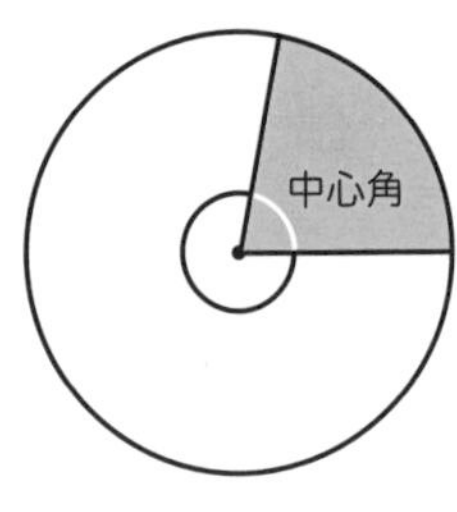

円が作る中心の角度は「360°」です。

おうぎ形が作る角度は中心角になるので、おうぎ形の弧の長さと面積は、それぞれ円周の長さと、円の面積を「$\frac{中心角}{360}$」したものになります。

6 おうぎ形の弧の長さとまわりの長さ

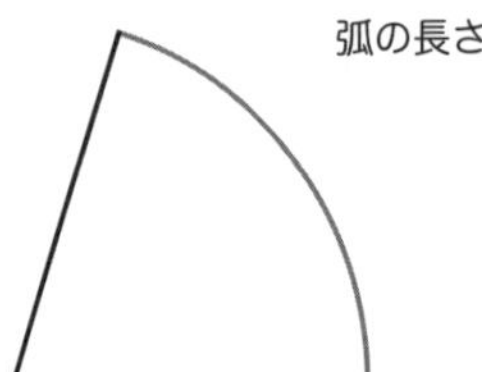

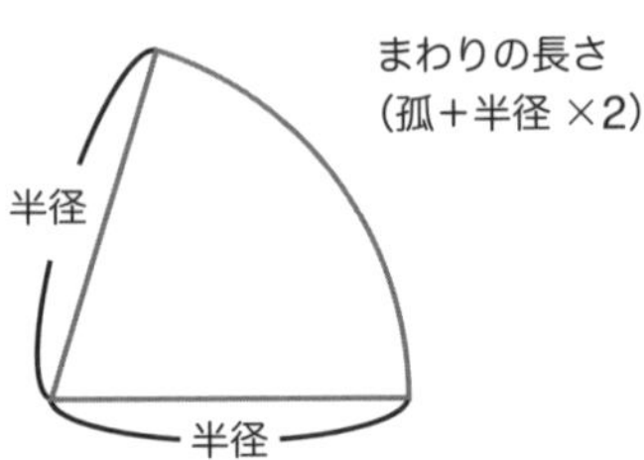

おうぎ形のまわりの長さは弧の長さと半径を2つたしたものなので、

おうぎ形のまわりの長さ＝弧の長さ＋半径×2

力だめし

直径6㎝の円について、次の問いに答えましょう。ただし、円周率は3.14とします。

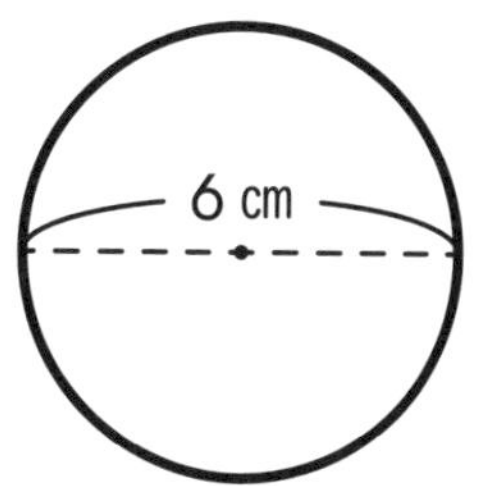

（1）この円の円周の長さは何㎝ですか。

（2）この円の面積は何㎠ですか。

（3）この円の直径を3倍にすると、円周は何㎝になりますか。

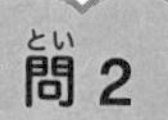

右の図のようなおうぎ形について、次の問いに答えましょう。ただし、円周率は3.14とします。

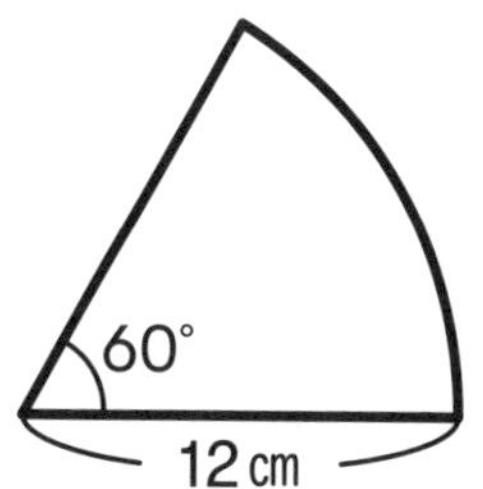

（1）このおうぎ形の弧の長さは何㎝ですか。

（2）このおうぎ形のまわりの長さ何㎝ですか。

（3）このおうぎ形の面積は何㎠ですか。

次の問いに答えましょう。ただし、円周率は3.14とします。

（1）円の面積が78.5㎠の円の、円周の長さは何cmですか。

（2）弧の長さが6.28cmで、半径が9cmのおうぎ形の面積は何㎠ですか。

（3）中心角が45°で、弧の長さが9.42cmのおうぎ形のまわりの長さは何cmですか。

右の図の色のついた部分について、次の問いに答えましょう。ただし、円周率は3.14とします。

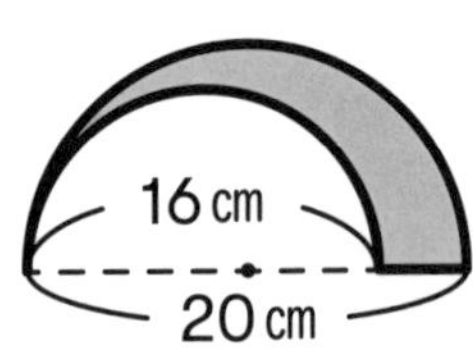

（1）色のついた部分のまわりの長さは何cmですか。

（2）色のついた部分の面積は何㎠ですか。

STEP コイン を転がせ！

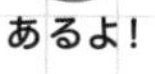

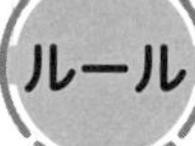

❶ コインを図1のように置きます。

❷ 図1のコインの上に、同じ大きさのもう1つのコインをくっつけて置き、はじめの位置に戻るまで図1のコインのまわりを転がします。（図2）

コインがはじめの位置に戻るまでに、何回転しましたか。

図1

図2

解答と解き方

2回転

❶ 2枚のコインの大きさは同じなので、円周の長さも同じです。しかし、コインが初めの位置まで戻った時のコインの回転数は、1回転ではありません。

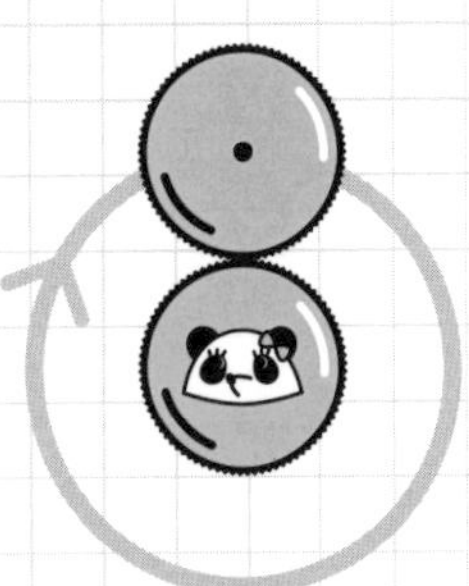

❷ 回転するコインの中心は、左の図のような灰色の円を描きます。コインはくっつきながら回転しているので、この円の半径は、コインの半径の2倍あります。なので、コインの半径を□とすると、描かれる円の半径は2×□になります。

❸ 円周の長さは、2×半径×円周率で求められます。なので、コインの円周の長さは、2×□×円周率となり、描かれる円の円周の長さは、2×2×□×円周率となります。
よって、描かれる円の円周の長さはコインの円周の長さの2倍あるので、答えは2回転となります。

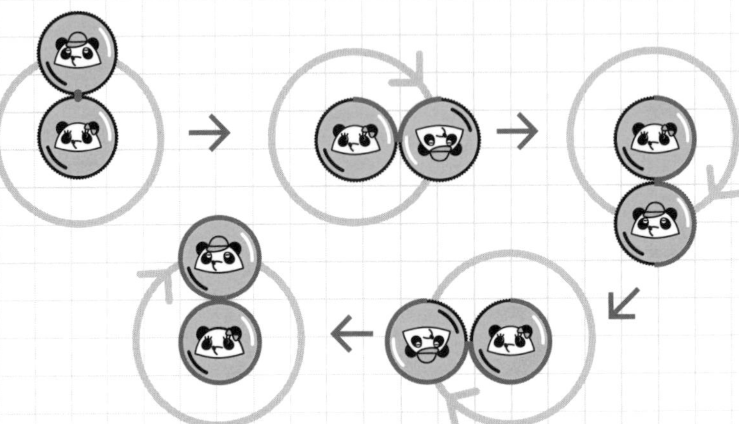

JUMP コインを転がせ！

問 1

中心のコインの大きさを 2 倍にしたとき、外側のコインは何回転して元の位置に戻りますか。

問 2

中心のコインの大きさを 3 倍にしたとき、外側のコインは何回転して元の位置に戻りますか。

問 3

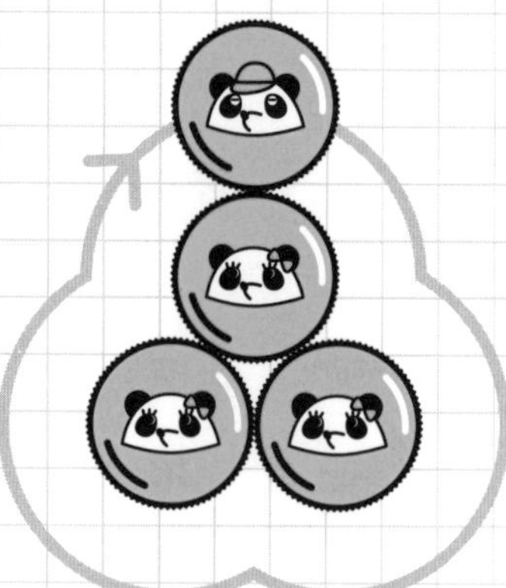

問 4

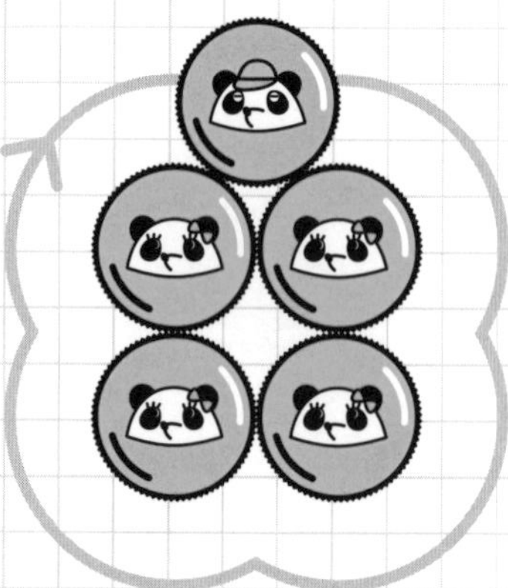

STEP 回転多角形パズル

ルール

❶ 一辺が１㎝の正多角形が二つあります。

❷ 一方の正多角形がもう一方の正多角形のまわりを、回転しながら回っています。

❸ 辺①と辺アが接した状態から、１秒後には図２のように辺②と辺イが接する状態に、さらにその１秒後には辺③と辺ウが接する状態になり、その後も同じように回ります。

❹ このとき、下の正三角形と正五角形について、次の問いに答えましょう。

（1）ふたたび辺①と辺アが重なるのは、図１の状態から何秒後ですか。

（2）図１から18秒後には、どの辺どうしが接していますか。

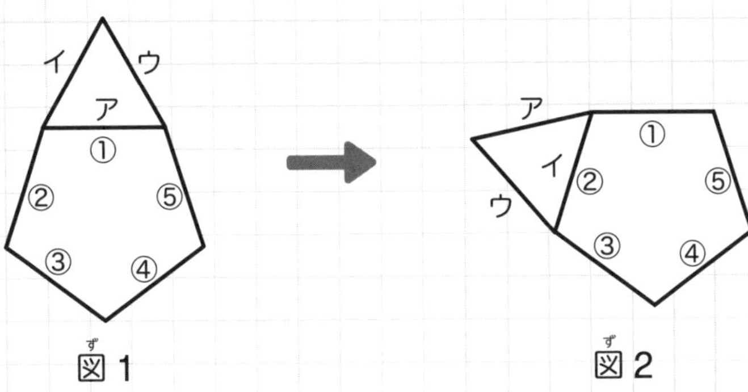

図１　図２

解答と解き方

（1）15秒後　（2）辺❹と辺ア

（1）正三角形と正五角形なので、3と5の最小公倍数を考えます。

3	6	9	12	**15**	18	…
5	10	**15**	20	25	…	

3と5の最小公倍数は15なので、ふたたび辺①と辺アが接するのは、15秒後になります。

（2）18秒後にそれぞれどの辺と接するかを考えます。

正三角形　18 ÷ 3 = 6
正五角形　18 ÷ 5 = 3あまり3

よって、正三角形は割り切れるので辺ア、正五角形は3あまるので、辺①から三つ進めて辺④と接することがわかります。

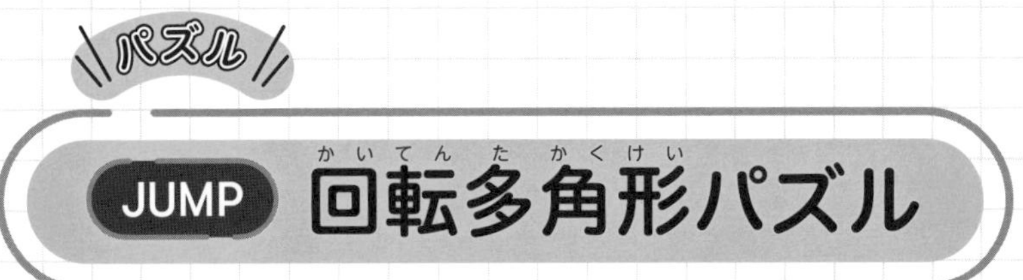

JUMP 回転多角形パズル

問1 正三角形と正方形

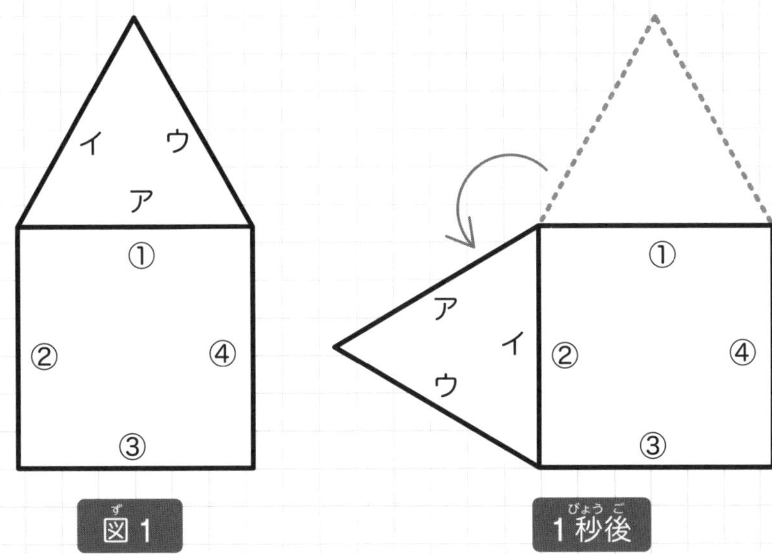

（1）辺①と辺アがふたたび接するのは、図1から何秒後ですか。

（2）図1から、18秒後に正方形と正三角形はどの辺どうしが接していますか。

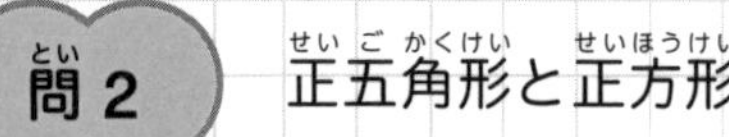

問2 正五角形と正方形

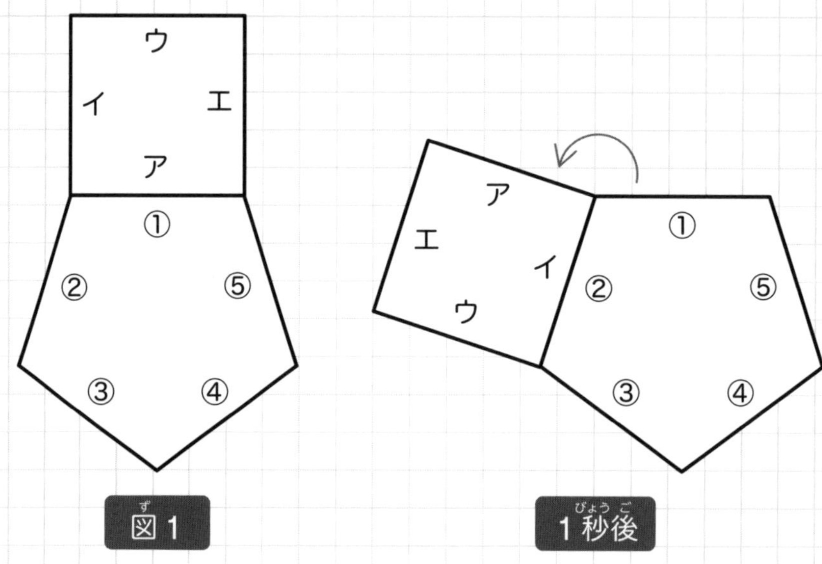

図1　　1秒後

（1）辺①と辺アがふたたび接するのは、図1から何秒後ですか。

（2）図1から82秒後には、正方形と正五角形はどの辺どうしが接していますか。

問3　正十角形と正六角形

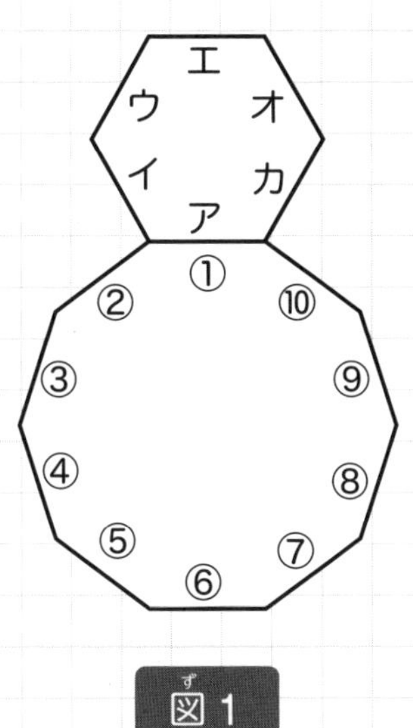

図1

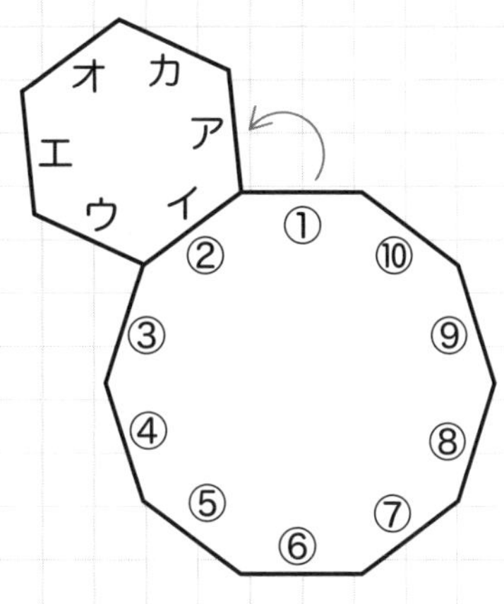

1秒後

（1）辺①と辺アがふたたび接するのは、図1から何秒後ですか。

（2）図1から72秒後、正六角形と正十角形はどの辺どうしが接していますか。

力だめし & JUMPの解答

力だめし

問1

（1）18.84cm

（2）28.26㎠

（3）56.52cm

問2

（1）12.56cm

（2）36.56cm

（3）75.36㎠

問3

（1）31.4cm

（2）28.26㎠

（3）33.42cm

問4

（1）60.52cm

（2）56.52㎠

JUMP／コインを転がせ！

問1 3回転

問2 4回転

問3 3回転

問4 $\frac{10}{3}$ 回転

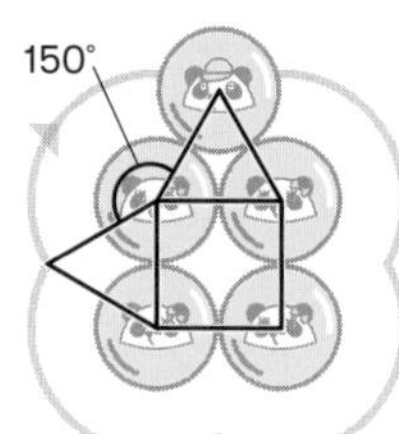

JUMP／回転多角形パズル

問1

（1）12秒後

（2）辺③と辺ア

問2

（1）20秒後

（2）辺③と辺ウ

問3

（1）30秒後

（2）辺③と辺ア

単元8　単元レベル：6年生

立体の体積

この単元のゴール

▶さまざまな立体の体積の求め方のちがいをマスターする

HOP 単元のまとめ

1 体積とは

たて、よこ、高さがある空間で、その立体が占める部分の大きさのことをいいます。

一辺が1cmの立方体の体積を1cm³（立方センチメートル）と表します。体積を表す単位にはmm³、cm³、m³、km³などがあります。

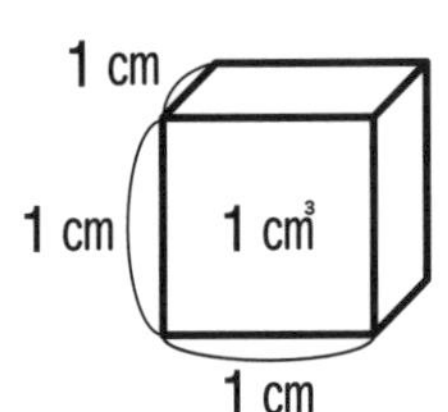

立方体と直方体の体積を求める公式

- **立方体の体積＝1辺×1辺×1辺**
- **直方体の体積＝たて×よこ×高さ**

例 一辺が2cmの立方体の体積をを求めましょう。

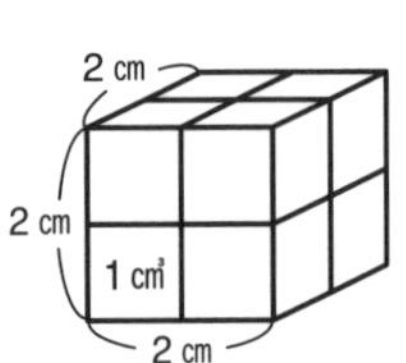

立方体の体積は1辺×1辺×1辺で求められるので、2×2×2＝8cm³となります。

例 たて4cm、よこ2cm、高さ3cmの直方体の体積を求めましょう。

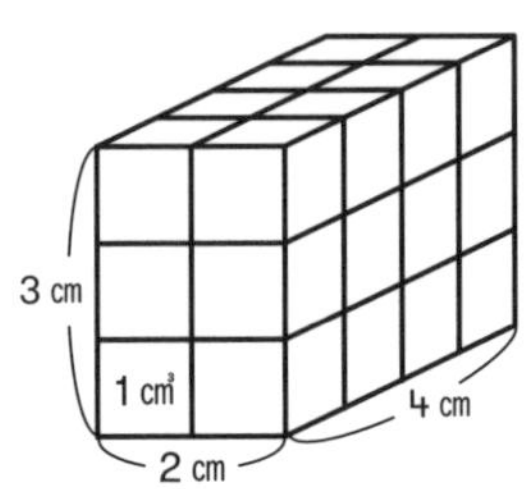

直方体の体積はたて×よこ×高さで求められるので、4×2×3＝24cm³となります。

2 柱体とは

下の図のような立体のことをいい、柱のような形をしていて、「底面となる図形を垂直に平行移動したときにできる立体」のことを指します。

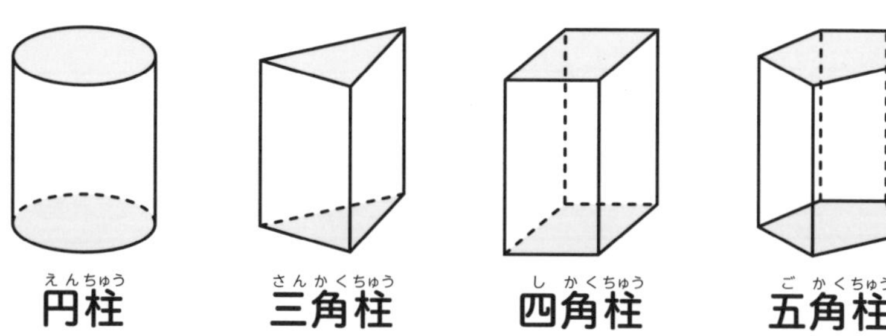

3 角柱とは

「底面が多角形である柱体のこと」をいいます。底面が三角形なら、三角柱、四角形なら、四角柱といい、底面の形によって名前が変わります。

4 円柱とは

底面が円である柱体のことをいいます。

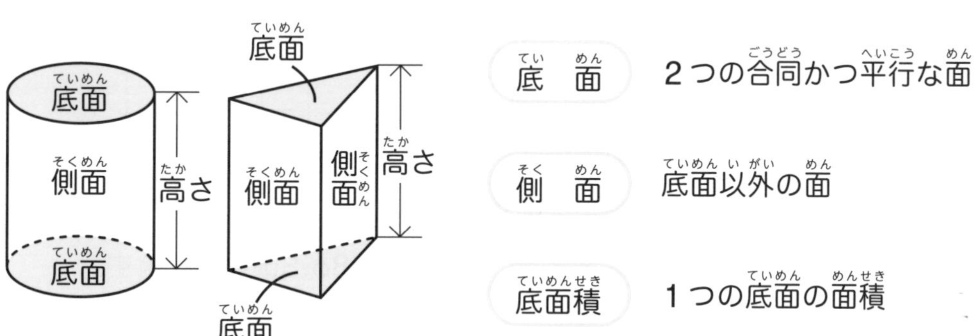

底　面	2つの合同かつ平行な面
側　面	底面以外の面
底面積	1つの底面の面積

5 角柱の体積の求め方

角柱の体積＝底面積×高さ

例 下の三角柱の体積を求めましょう。

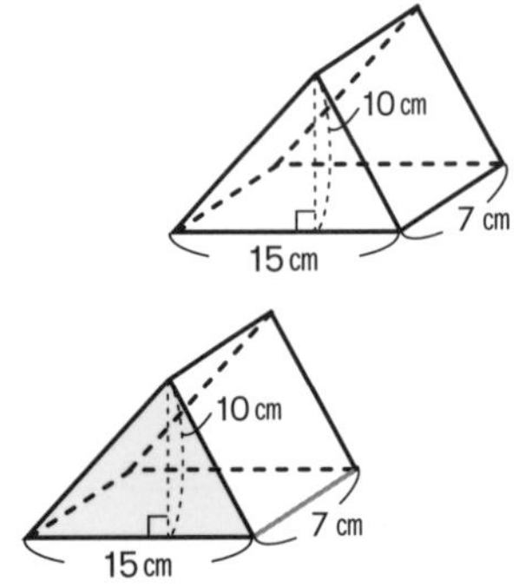

角柱の体積は、底面積×高さで求められます。
左の色のついている面を底面とし、
色のついている辺を高さとして計算すると、

15 × 10 ÷ 2 × 7 ＝ 525㎤となります。
（15 × 10 ÷ 2：底面積　7：高さ）

6 円柱の体積の公式

円柱の体積＝底面積×高さ

例 下の円柱の体積を求めましょう。

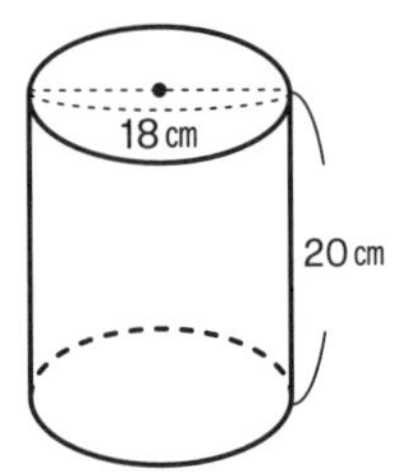

円柱の体積は、底面積×高さで求められます。
底面の半径は9㎝なので、この円柱の体積は、

9 × 9 × 3.14 × 20 ＝ 5086.8㎤となります。
（9 × 9 × 3.14：底面積　20：高さ）

力だめし

問1 次の立体は、直方体を組み合わせた形です。
この立体の体積を求めましょう。

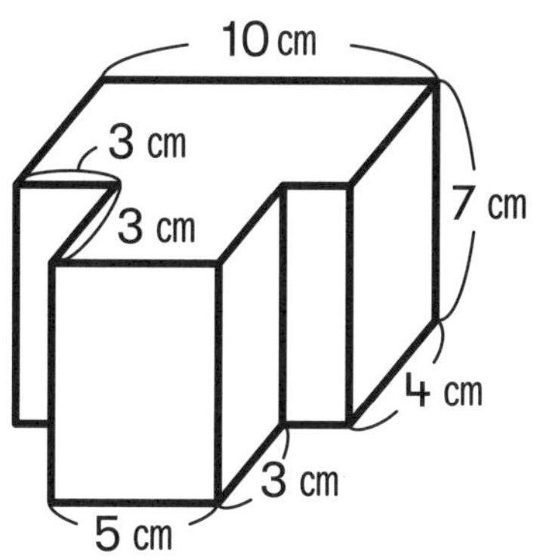

問2 次の立体は、直方体を組み合わせた形です。
この立体の体積を求めましょう。

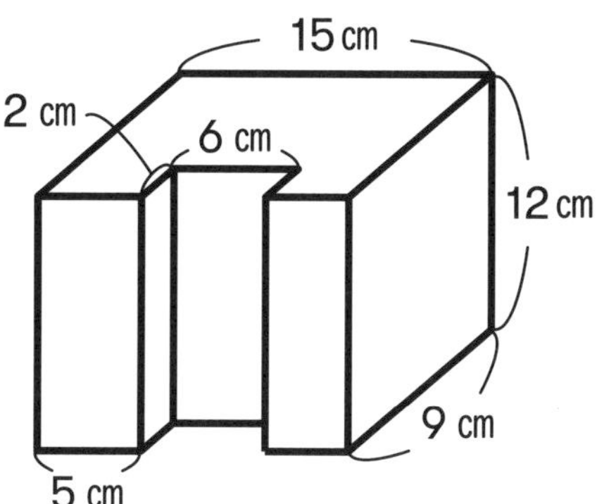

次の立体の体積を求めましょう。

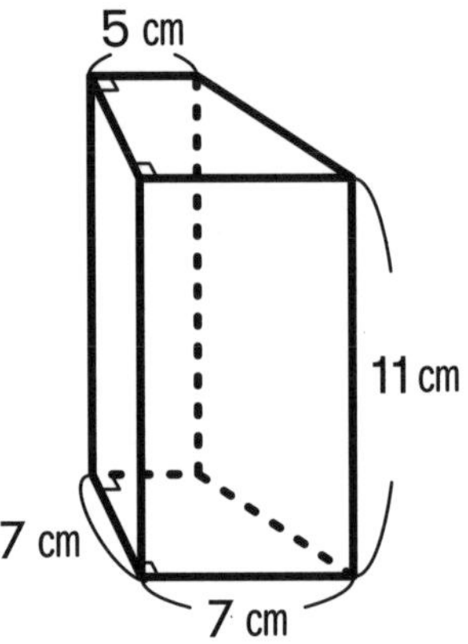

次の立体の体積を求めましょう。ただし円周率は3.14とします。

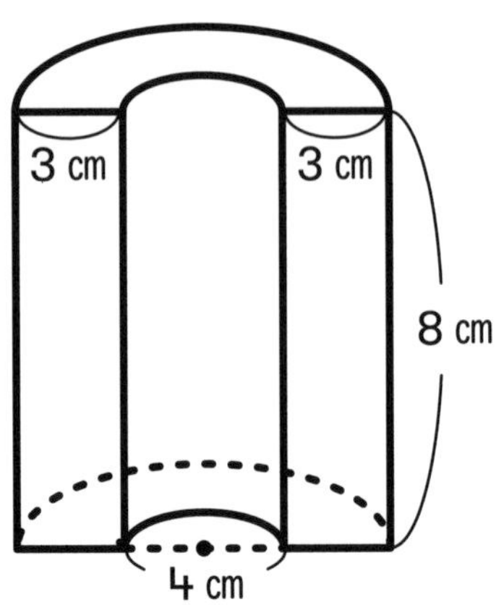

パズル

STEP 立体ブロック分割

動画も あるよ!

❶ 下の図は、同じ大きさの立方体が組み合わさってできています。

❷ このブロックを2つの形に分けたとき、2つとも同じ形になりました。どのような形に分けることができますか。

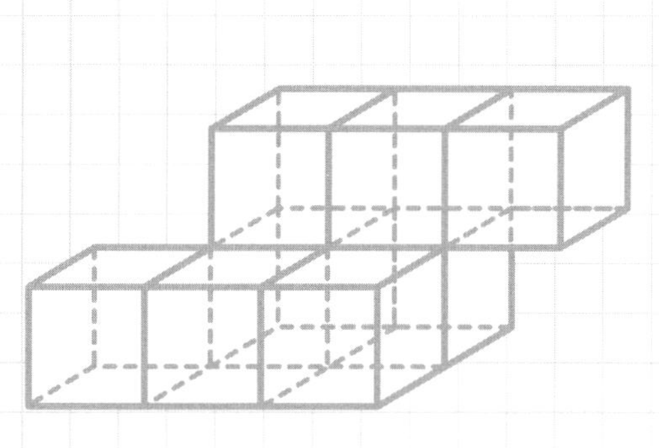

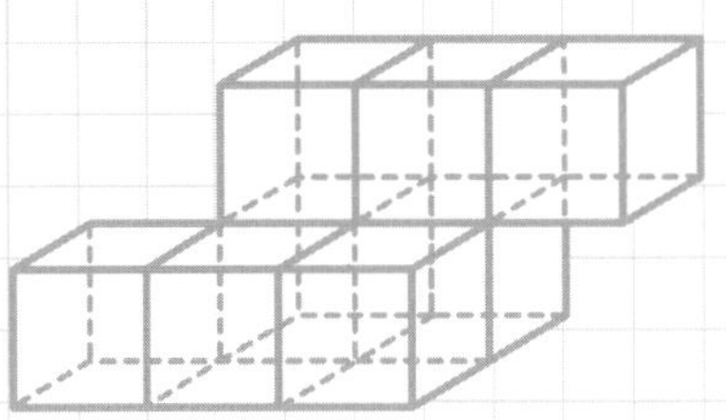

左の形を2つに分けたとき、2つとも同じ形になる組み合わせは、次の2通りあります。

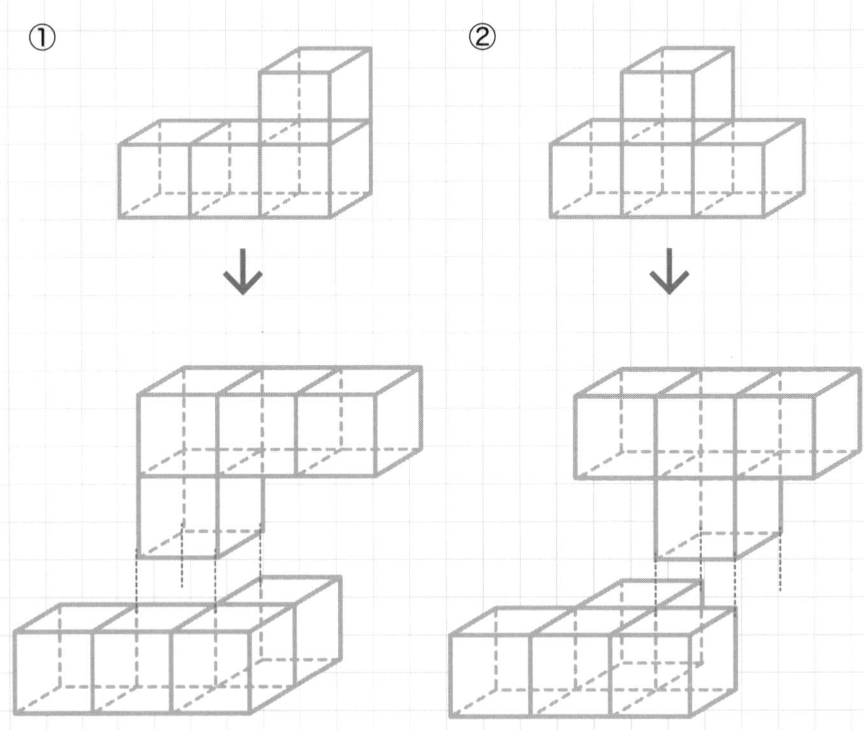

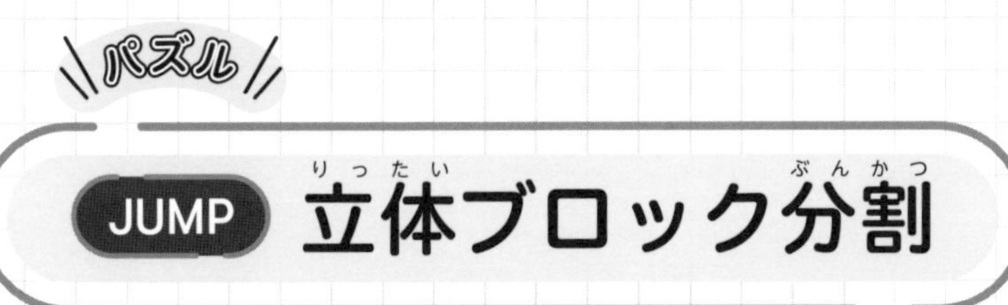

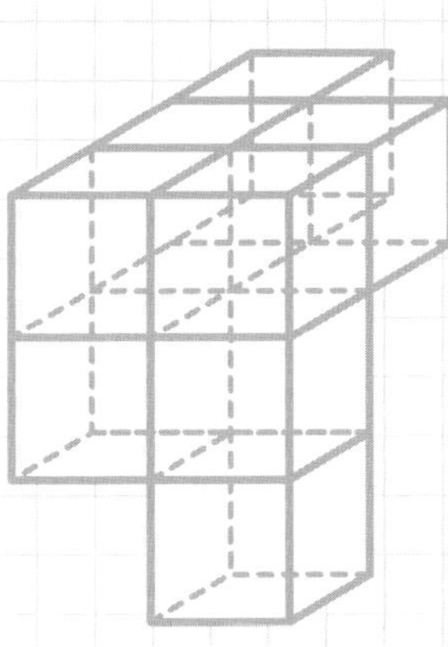

問2

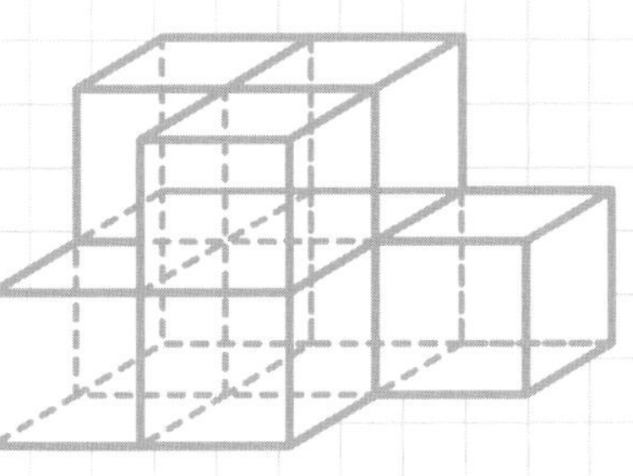

問3

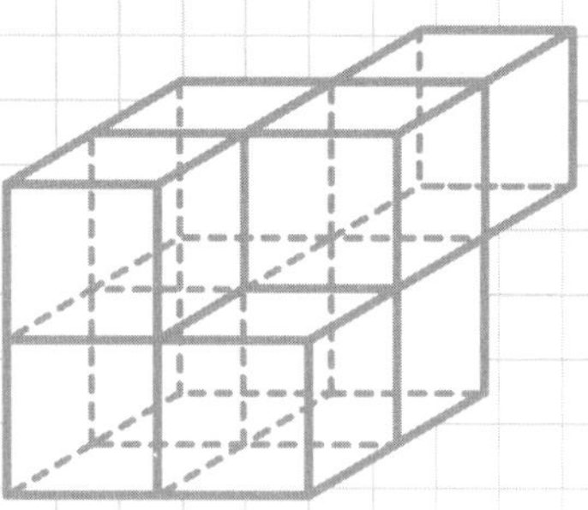

問4

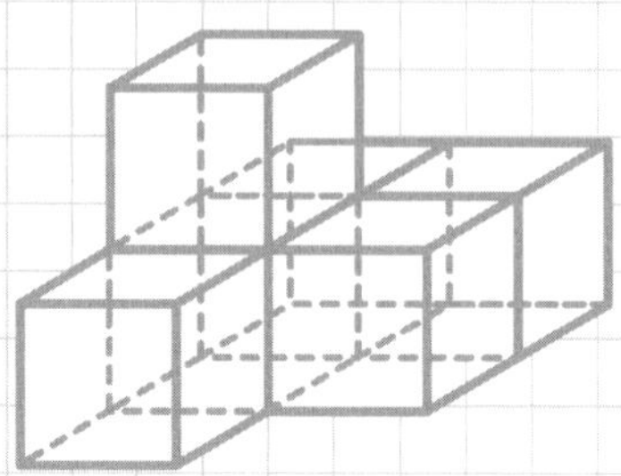

パズル

STEP 3D回転パズル

ルール

❶直線Lを軸として、色のついた部分を360度回転させたときにできる立体の体積を求めましょう。

❷色のついた部分は、1辺が1㎝の正方形がいくつか組み合わさってできています。円周率は3.14として計算しましょう。

解答と解き方

43.96㎠

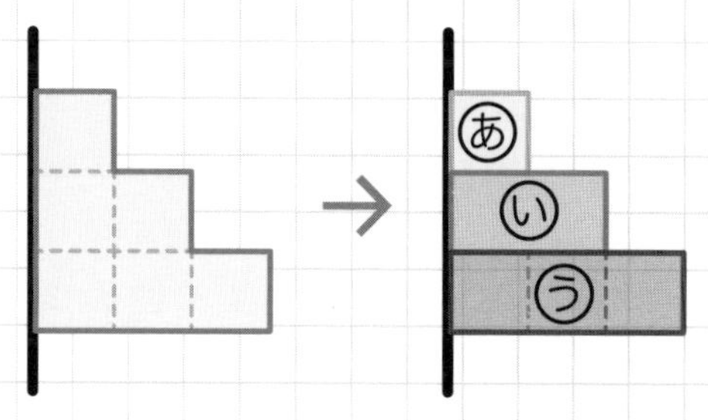

解き方①

❶ 右の図のように正方形の組み合わせをⓐ、ⓘ、ⓤに分けます。ⓐ、ⓘ、ⓤの回転体は、すべて円柱になります。

❷ ⓐは底面が半径1㎝の円で、高さが1㎝の円柱、
ⓘは底面が半径2㎝の円で、高さが1㎝の円柱、
ⓤは底面が半径3㎝の円で、高さが1㎝の円柱になっています。

❸ ⓐ、ⓘ、ⓤの回転体のそれぞれのa体積は
ⓐの回転体の体積 $= 1 \times 1 \times 3.14 \times 1 = 3.14$㎤
ⓘの回転体の体積 $= 2 \times 2 \times 3.14 \times 1 = 12.56$㎤
ⓤの回転体の体積 $= 3 \times 3 \times 3.14 \times 1 = 28.26$㎤

❹ よって、求める立体の体積は
$3.14 + 12.56 + 28.26 = 43.96$㎤

解き方②

❶ ⓐの回転体の体積をVとすると、
いの回転体の体積 $= V \times 3$
うの回転体の体積 $= V \times 5$

❷ よって、求める立体の体積は
$\underline{V + V + V} + \underline{3V + 3V} + \underline{5V} = 14 \times 1 \times 1 \times 3.14 = 43.96$㎤

パズル
JUMP
3D回転パズル

問1

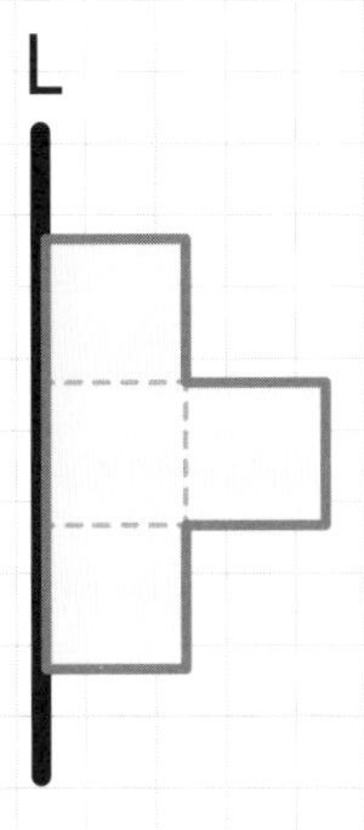
L

問2

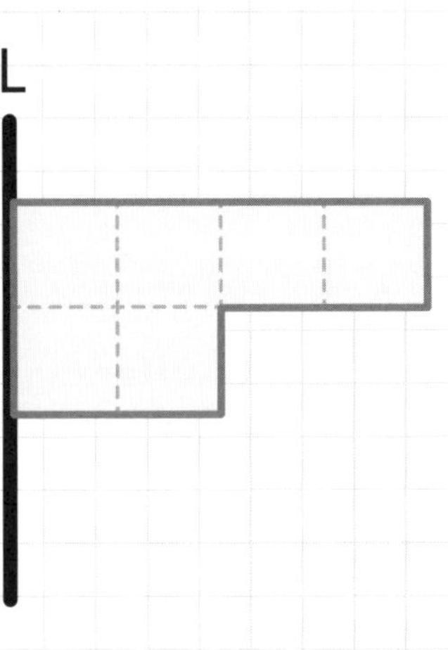
L

問3

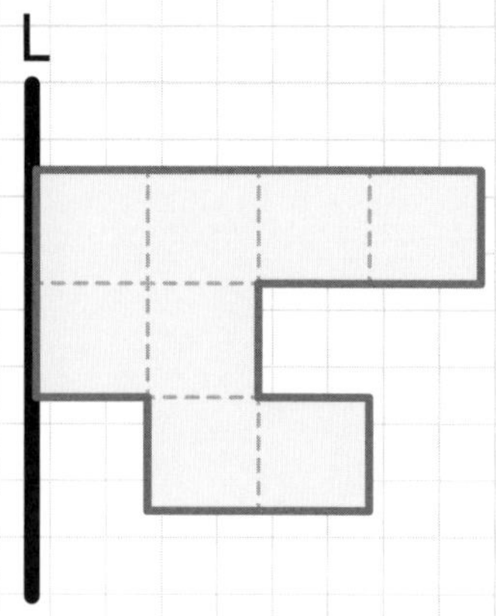
L

問4

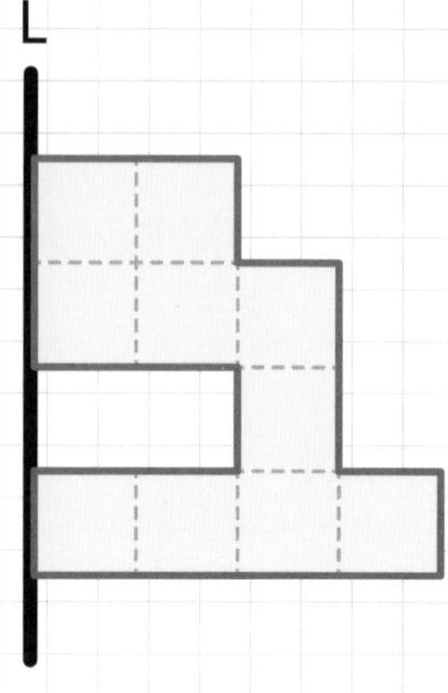
L

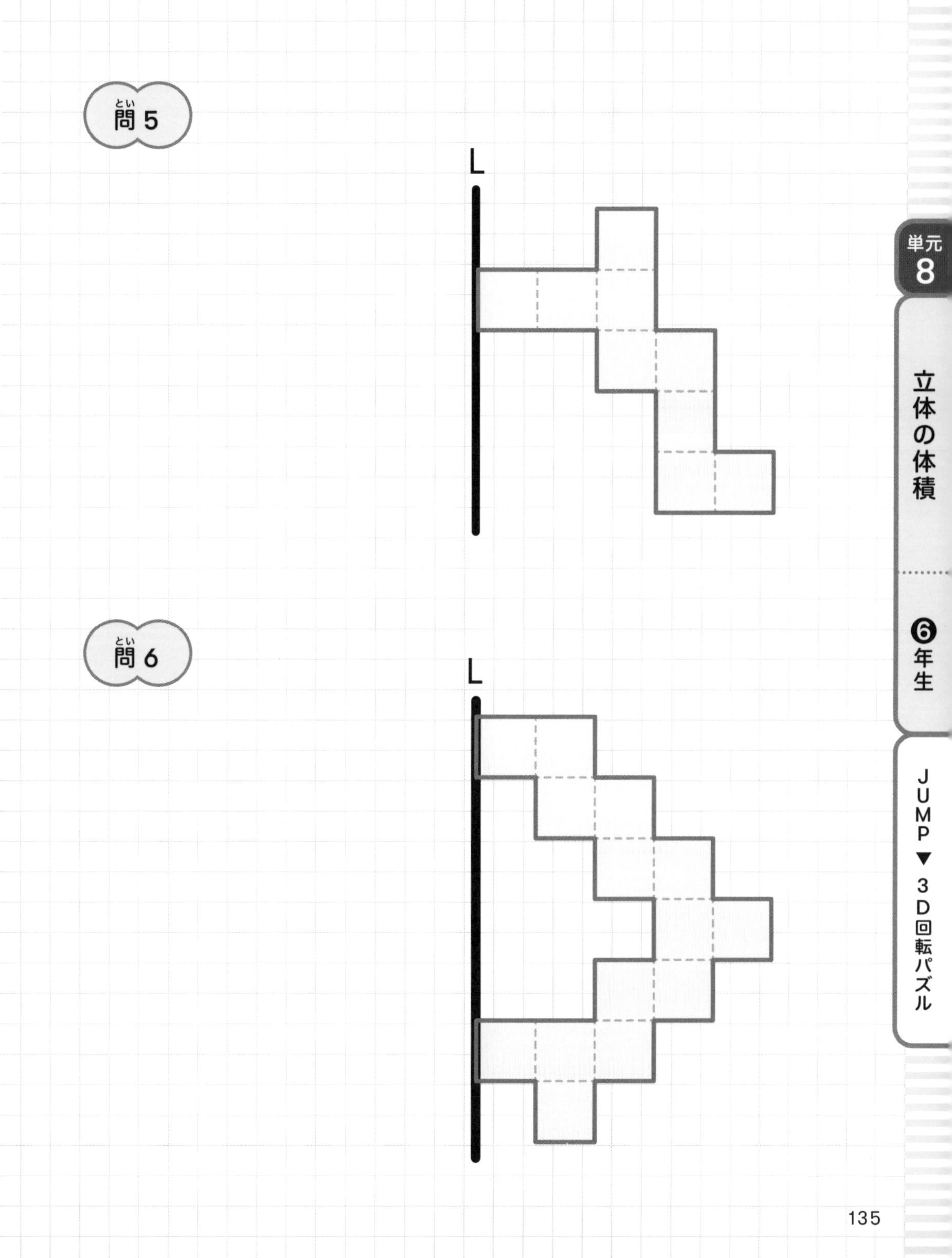
問5
L
問6
L

力だめし & JUMPの解答

問1　385㎤

問2　1476㎤

問3　462㎤

問4　263.76㎤

JUMP／立体ブロック分割

問1

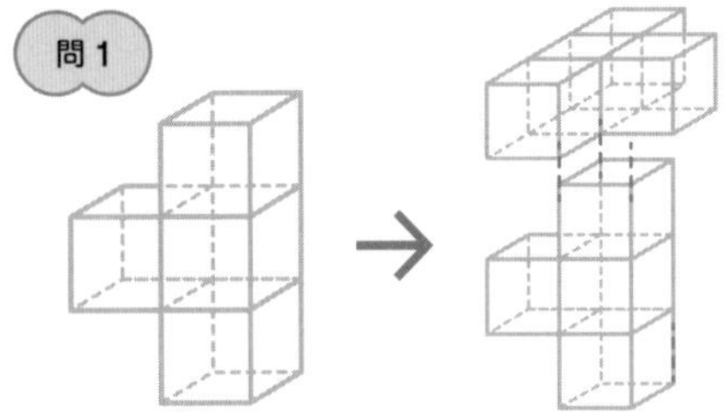

別解

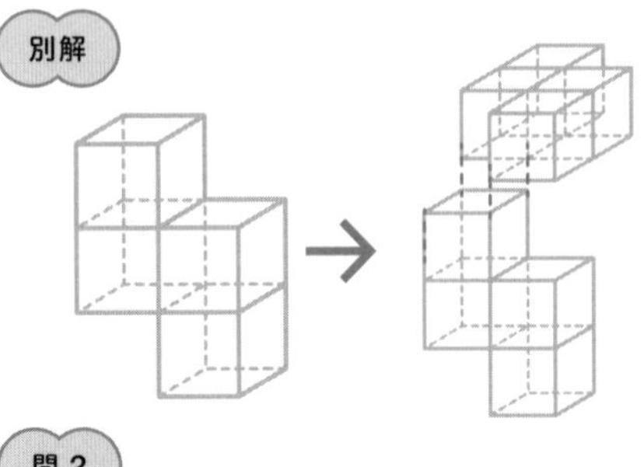

問2

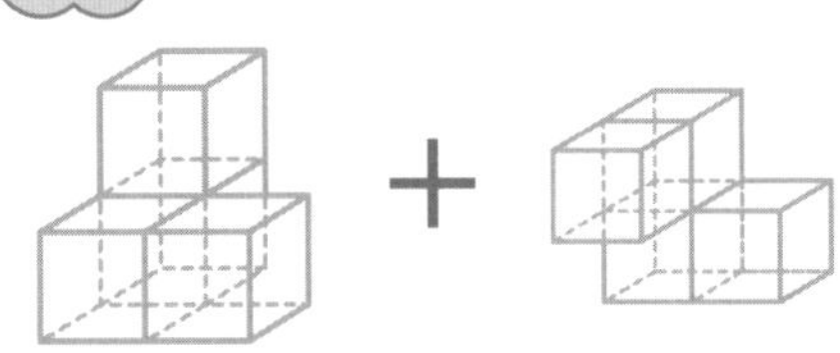

問3

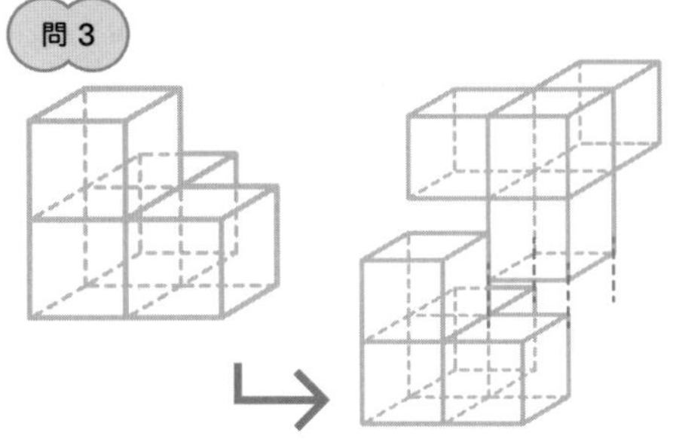

問4

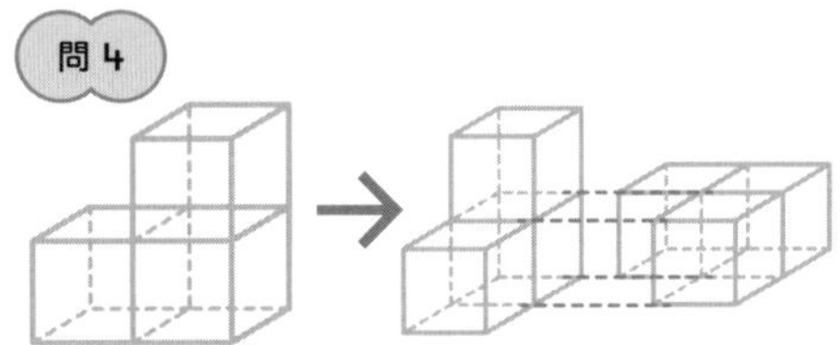

JUMP／3D回転パズル

問1　18.84㎤

問2　62.8㎤

問3　87.92㎤

問4　106.76㎤

問5　153.86㎤

問6　200.96㎤

単元(たんげん)9　単元(たんげん)レベル：5年生(ねんせい)

容積(ようせき)

この単元(たんげん)のゴール

▶体積(たいせき)と容積(ようせき)のちがいをマスターする

HOP 単元のまとめ

1 容積とは

容器の中いっぱいに液体を入れたときの液体の体積のことをいいます。容積を表す単位には、L（リットル）、dL（デシリットル）、mL（ミリリットル）、cm³（立方センチメートル）などがあります。

1L＝1000cm³です。

2 単位の関係

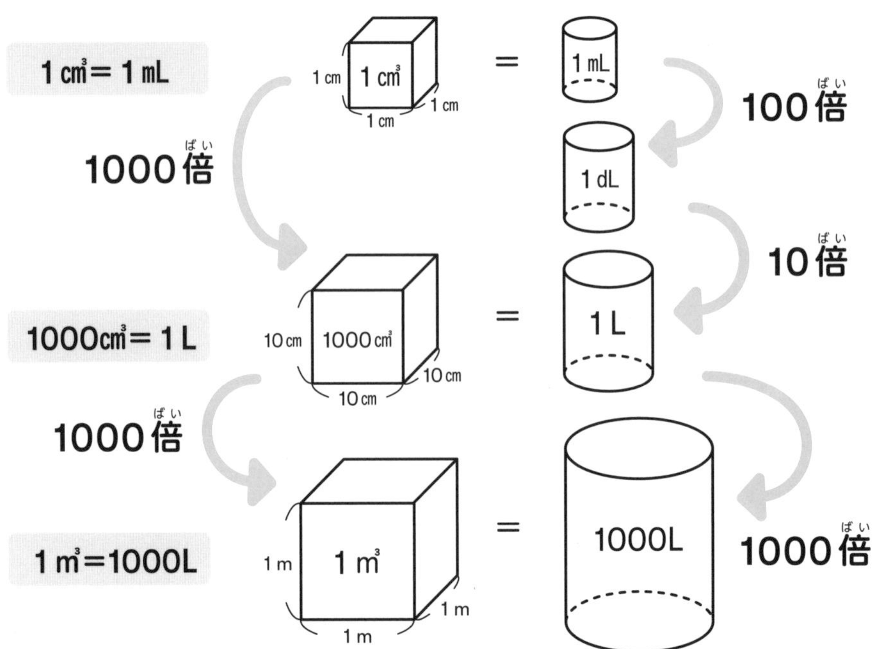

3 容積の求め方

入れ物の厚みを考えたとき、入れ物の内側の長さのことを「内のり」といいます。
①内のりがない場合と、②内のりがある場合の容積と体積の求め方について、下の2つの例題を解きながら考えましょう。

① 内のりがない場合

例 次の入れ物の容積を求めましょう。ただし、入れ物の厚みは考えないものとします。

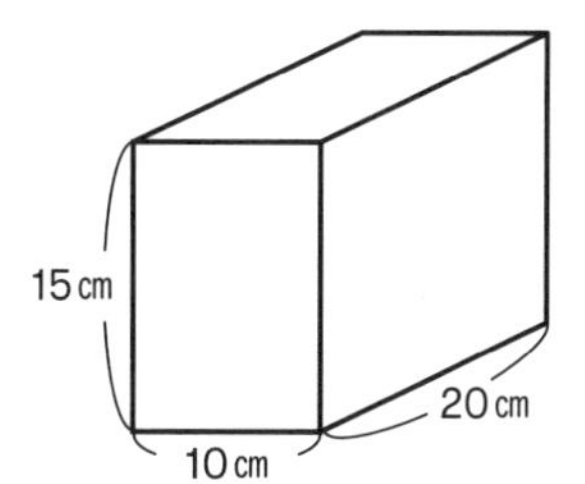

入れ物の厚みは考えなくていいので、
直方体の体積＝たて×よこ×高さで容積を求めます。
20×10×15＝3000㎤となり、この入れ物の容積は3000㎤です。

② 内のりがある場合

例 右の入れ物について、次の問いに答えましょう。
（1）この入れ物の容積は何㎤ですか。
（2）この入れ物の体積は何㎤ですか。

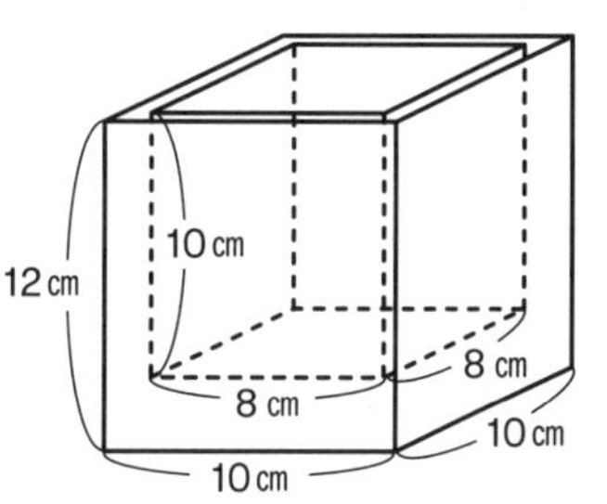

単元9
容積
❺年生
HOP▼単元のまとめ

（1）容積は入れ物の中いっぱいに入る水の体積なので、内のりが分かれば、この入れ物の容積を求めることができます。図より、この入れ物の内のりは、たて8㎝、よこ8㎝、高さ10㎝です。
直方体の体積は、たて×よこ×高さで求めることができます。よって、この入れ物の容積は、8 × 8 × 10 ＝ 640㎤です。

（2）この入れ物の体積は、外側の直方体の体積から、容積を引けば求められます。つまり外側の、たて10㎝、よこ10㎝、高さ12㎝の直方体から、（1）で求めた内側の直方体の体積（640㎤）を引けば、この入れ物の体積が求められます。よって、この入れ物の体積は、10 × 10 × 12 − 640 ＝ 560㎤です。

容積と体積のちがい

容積とは、「入れ物の中に一杯に入る水の体積」です。意味だけで考えると、「容積も体積のひとつ」です。では、容積と体積のちがいはなんでしょうか。先の例題を見るとわかりやすいですね。

（1）からわかるように、「入れ物の容積」は「入れ物に入る水の体積」なので、たて8㎝、よこ8㎝、高さ10㎝の直方体の体積になります。

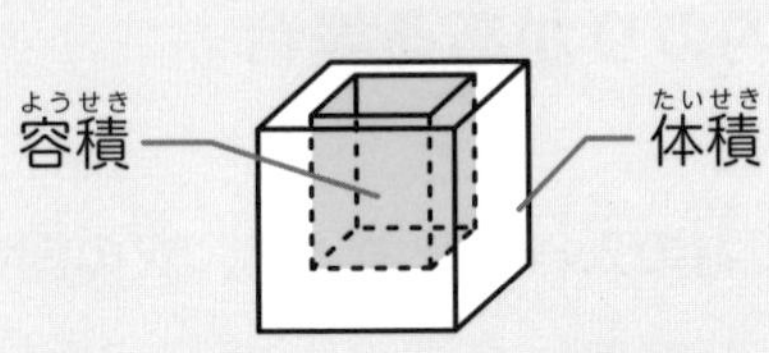

一方、（2）からわかるように、「入れ物の体積」とは、「入れ物自体の大きさ」なので、たて10㎝、よこ10㎝、高さ12㎝の直方体の体積から、へこんでいる部分の容積を引くことで求められます。

4 おもりと容積の関係

例 下の図１のように、直方体の容器に水が入っています。この容器の底に図２の直方体のおもり１本をまっすぐに立てると、水の深さが18㎝になりました。おもりを入れる前の水の深さは何㎝でしたか。

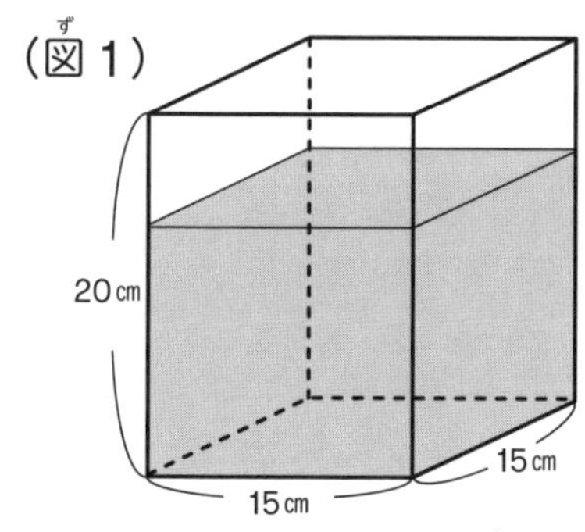

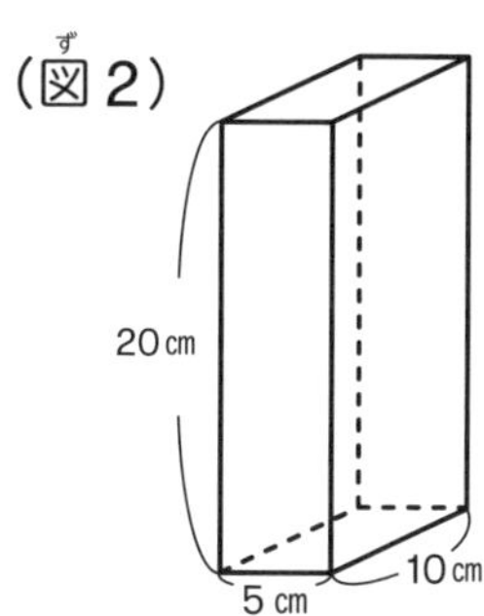

図１のときの水の深さを□とすると、水の体積は15 × 15 × □となります。おもりを入れる前後では容器から水がこぼれていないので、水の体積は変わりません。なので、おもりを入れた後の水の体積も15 × 15 × □で表すことができます。

おもりを容器に入れたとき、水の部分の底面積は、容器の底面積－おもりの底面積
＝15 × 15 － 10 × 5 ＝175㎠になります。
おもりを入れた後の水の深さは18㎝なので、水の体積は175 × 18 ＝3150㎤になります。

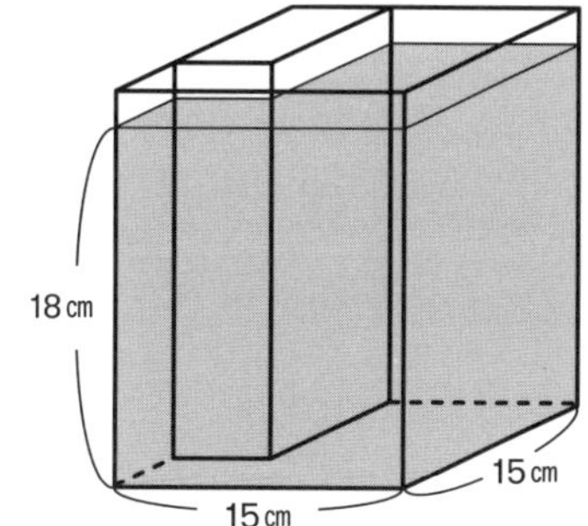

よって、おもりを入れる前の水の深さは、
15 × 15 × □＝3150をといて14㎝となります。

力だめし

問 1

右の図は、厚さ 2 cmの板でできた直方体の形をした入れ物です。この入れ物の容積は何Lですか。また、この入れ物の板の体積は何cm³ですか。

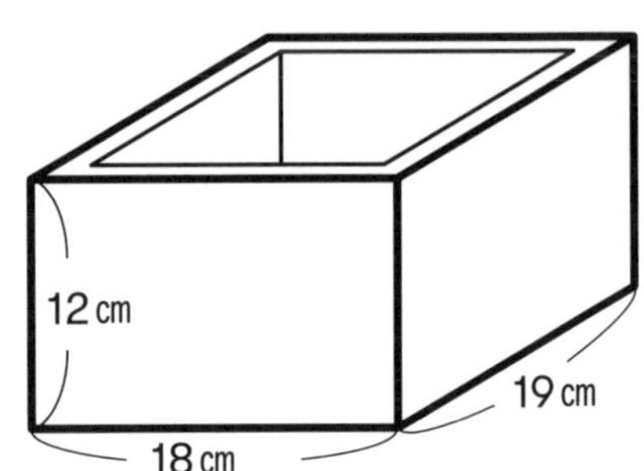

問 2

次の図 1 のように、直方体の容器Aには水がいっぱい入っています。容器Aに入っている水を、図 2 の容器Bがいっぱいになるまで移したとき37cm³こぼれました。このとき、容器Aに残っている水の深さは何cmですか。

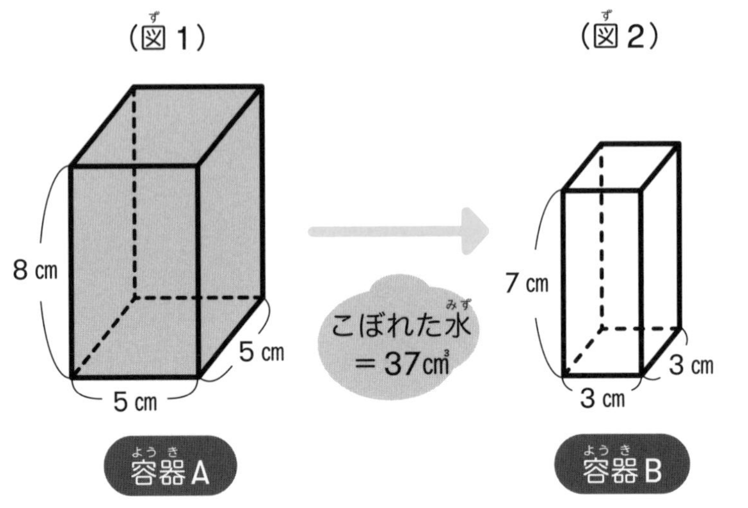

パズル

STEP 水をとり分けろ！

ルール

❶ それぞれ9Lと2L入る空のコップ2つと、水が14L入ったバケツがあります。

❷ 空のコップを使って、14Lのバケツに水が7L残るように取り分けましょう。

❸ ただし、水を取り分けられるのは3回までです。

❹ また、下の図のように、コップは水を細かくはかることはできません。

例

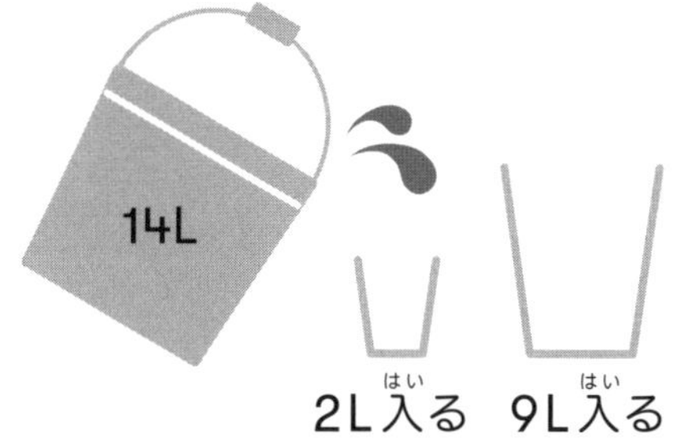

2L入る　9L入る

1回目　2回目　3回目

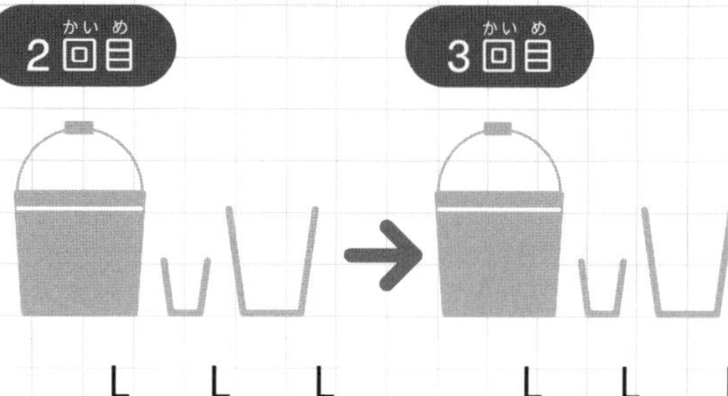

__L __L __L　__L __L __L　__L __L __L

解答と解き方

14L入っているバケツと9L入るコップの容量の差は5Lです。バケツから9L取り出し、残った5Lと2Lのコップを合わせると、7L取り分けることができます。

5L 0L 9L

❶ バケツに入った水を9Lのコップ移すと、バケツには5L残ります。

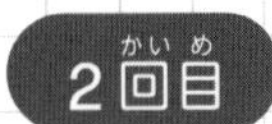

5L 2L 7L

❷ 9Lのコップに入った水を2Lのコップがいっぱいになるまで移すと、2Lと7Lに分けることができます。

7L 0L 7L

❸ 最後に2Lのコップに入った水をバケツに入れると、3回で水を7Lだけ取り分けることができます。

パズル

JUMP 水をとり分けろ！

問 1 7Lと2L入る空のコップ2つと、水が15L入ったバケツがあります。空のコップとバケツを使って、7Lのコップに水が5L残るように取り分けましょう。ただし、水を取り分けられるのは2回までです。

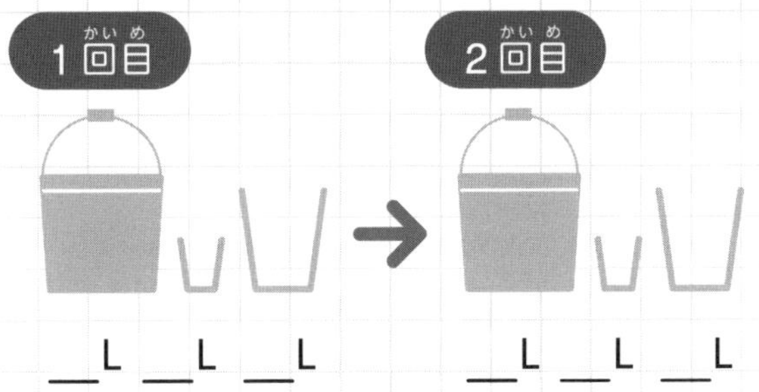

問 2 14Lと9L入る空のコップ2つと、水が26L入ったバケツがあります。空のコップとバケツを使って、9Lのコップに水が4L残るように取り分けましょう。ただし、水を取り分けられるのは4回までです。

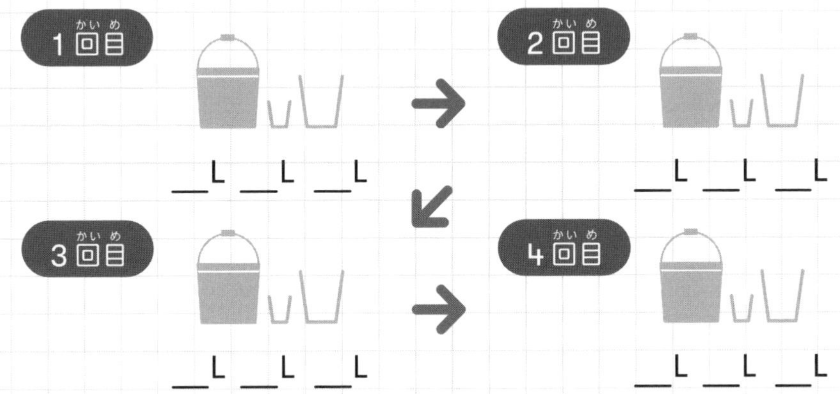

問3 7Lと3L入る空のコップ2つと、水が大量に入ったバケツがあります。空のコップとバケツを使って、7Lのコップに水が5L残るように取り分けましょう。ただし、水を取り分けられるのは8回までです。

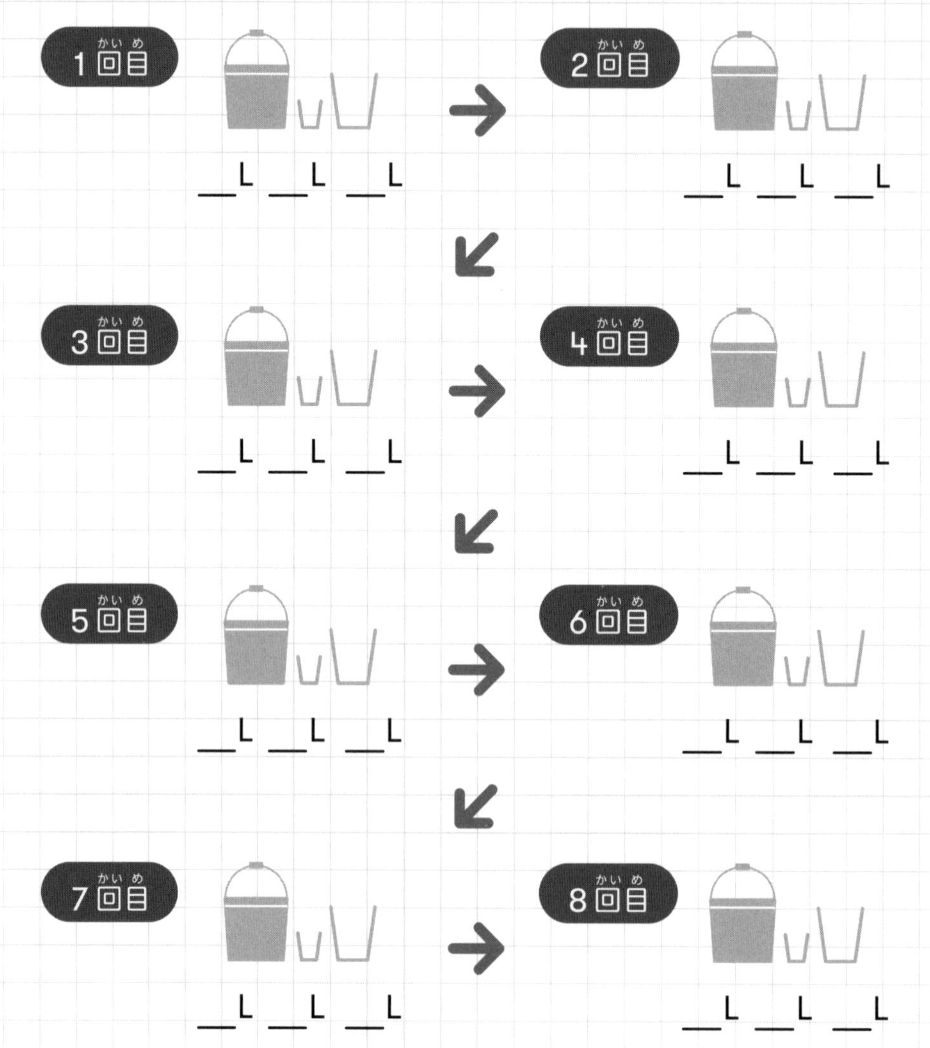

パズル

STEP 中の水の量は？

ルール

❶ かたむけた円柱に入っている水の容積を求めましょう。

❷ かたむけていないときの高さは、かたむけているときの高さの平均と同じ値になります。

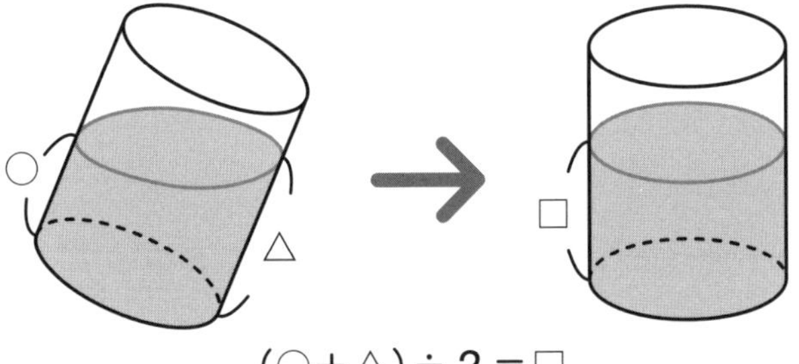

(○＋△)÷２＝□

次の立体に入っている水の容積を求めましょう。円周率は3.14とします。

解答と解き方

113.04㎝

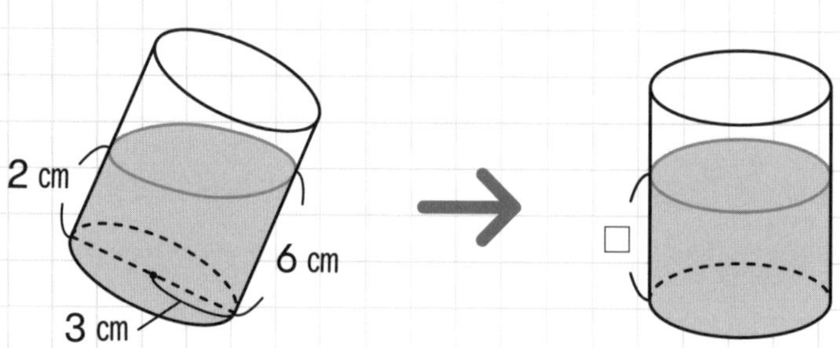

❶ 傾けていないときの高さは、傾けているときの高さの平均と同じになるので、右上の図の□は

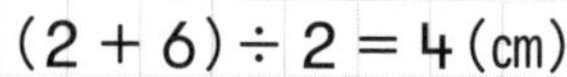
(2 + 6) ÷ 2 = 4(㎝)

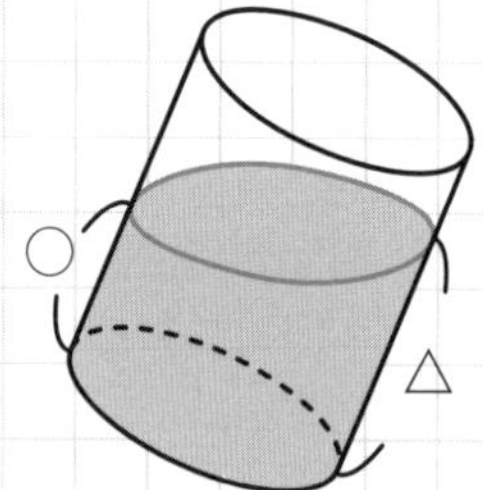

❸ 左の図のように、かたむいた状態の水の容積は、

底面積×(○+△)÷2

で求めることができます。

❸ よって、かたむいた立体に入っている水の容積は

3 × 3 × 3.14 × 4 = 113.04(㎤)

パズル

JUMP 中の水の量は？

問1 次の立体に入っている水の容積を求めましょう。円周率は3.14とします。

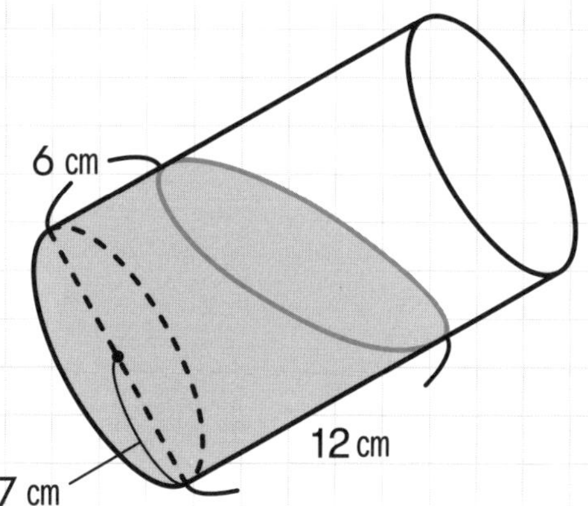

底面が長方形の四角柱に入っている水の容積を求めましょう。

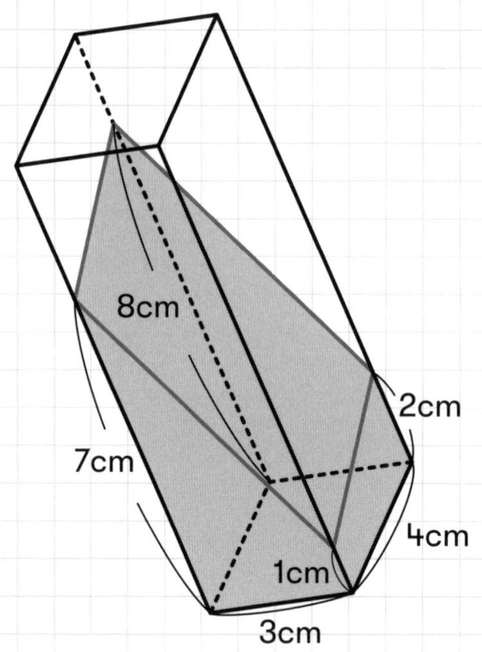

問3

底面が直角三角形の三角柱に入っている水の容積を求めましょう。

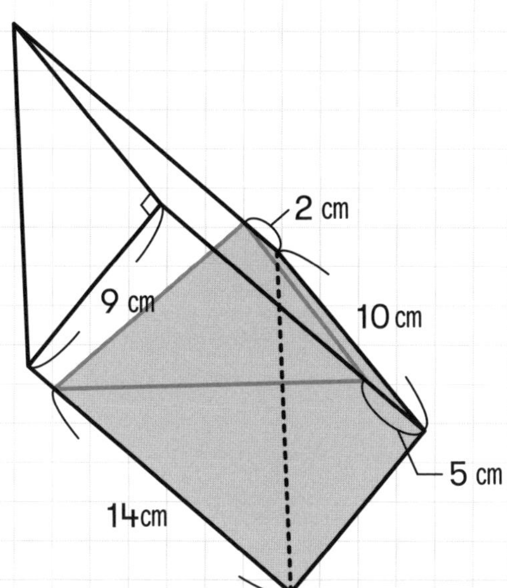

単元9 容積 ❺年生 JUMP▼中の水の量は？

力(ちから)だめし & JUMPの解答(かいとう)

力だめし

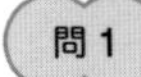

容積2.1L

板の体積2004㎤

4㎝

JUMP／水をとりわけろ！

問1

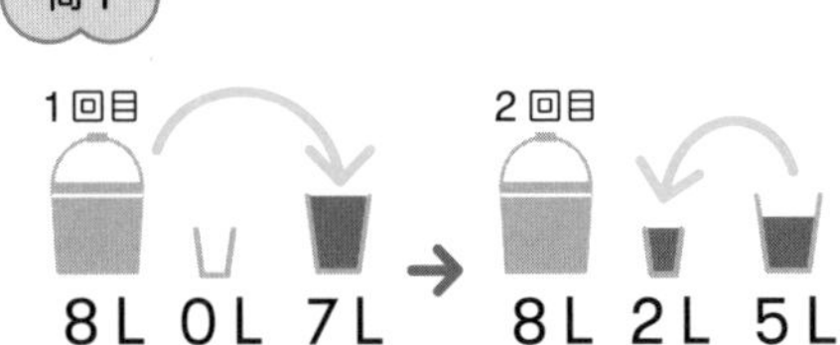

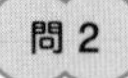

問3

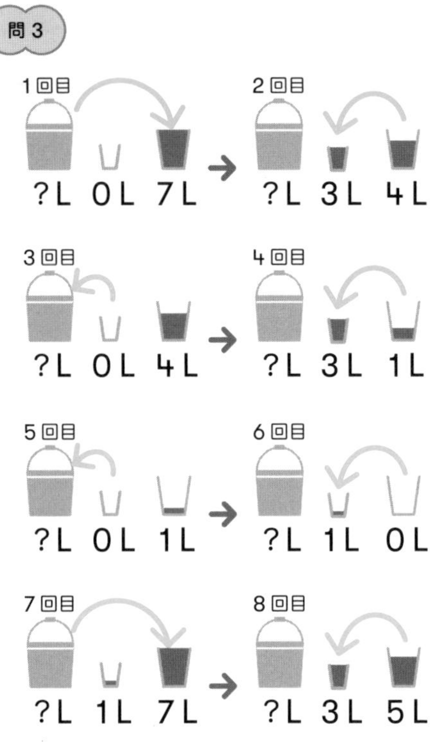

問1 1384.74㎤

問2 54㎤

問3 315㎤

単元⑩ 単元レベル：6年生

立体の表面積

この単元のゴール

▶さまざまな立体の表面積の求め方をマスターする

HOP 単元のまとめ

1 表面積とは

「立体をつくるすべての面の面積の和」のことをいいます。

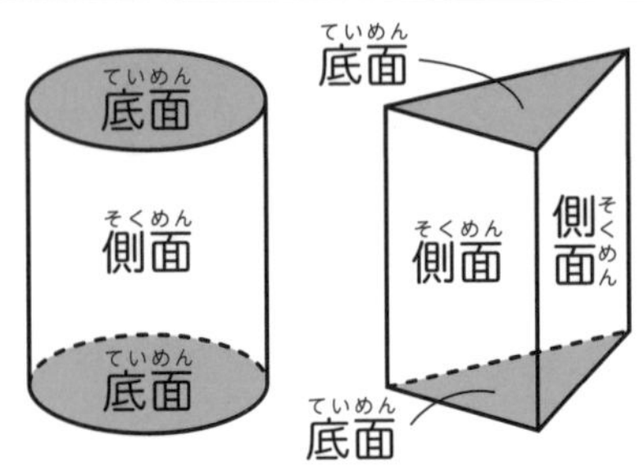

側面積 底面以外の面の面積

底面積 1つの底面の面積

2 柱体の表面積を求める

「柱体の表面積＝底面積×２＋側面積」で求めることができます。

側面積＝底面のまわりの長さ×高さ

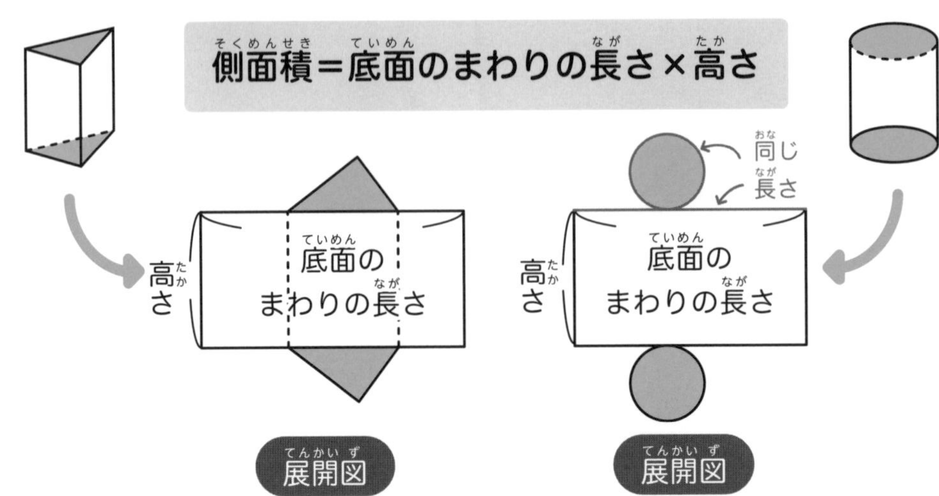

例 下の円柱の表面積を求めましょう。

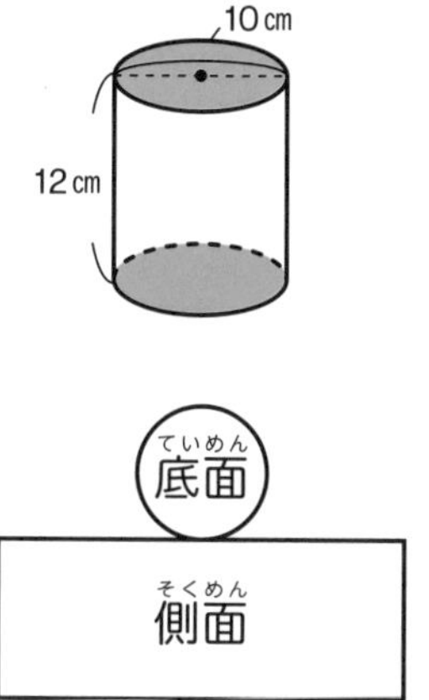

左下の図は円柱の展開図です。

この円柱の底面は半径5㎝の円なので、

底面積＝5×5×3.14＝78.5㎠となります。

側面は長方形なので、たての長さが円柱の高さ、よこの長さが底面のまわりの長さと同じとなり、

側面積＝10×3.14×12＝376.8㎠

よって、この円柱の表面積は次のように求めることができます。

$\underbrace{5 \times 5 \times 3.14}_{\text{底面積}} \times 2 + \underbrace{10 \times 3.14 \times 12}_{\text{側面積}} = 533.8$㎠

3 すい体の表面積を求める

すい体とは

下の図のような立体のことをいいます。
すい体にも柱体のように、底面と側面があります。

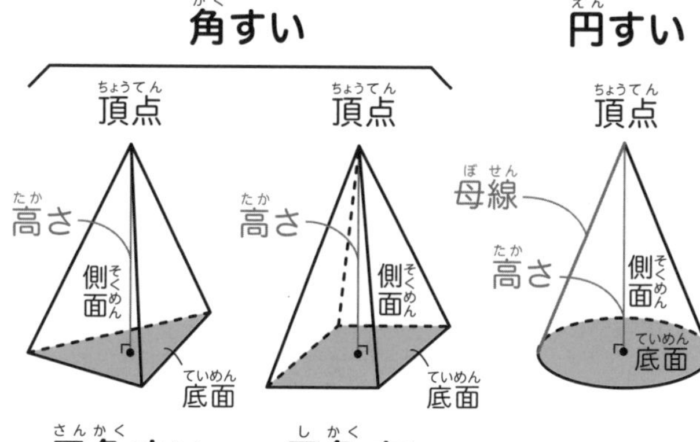

高さ

すい体の頂点から底面に垂直に引いた線の長さ

母線

円すいの頂点と、底面の円周上の点を結ぶ線分

すい体は、底面の形が多角形であれば「角すい」といい、底面が円形であれば「円すい」といいます。

「**すい体の表面積＝底面積＋側面積**」で求めることができます。

例 下の四角すいの表面積を求めましょう。

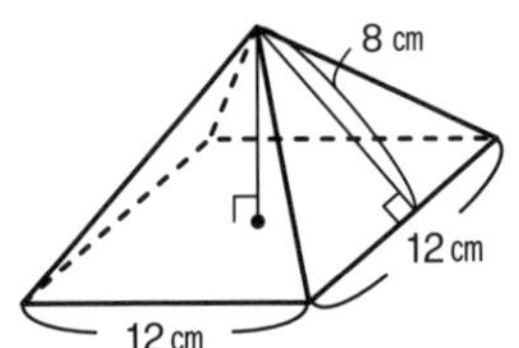

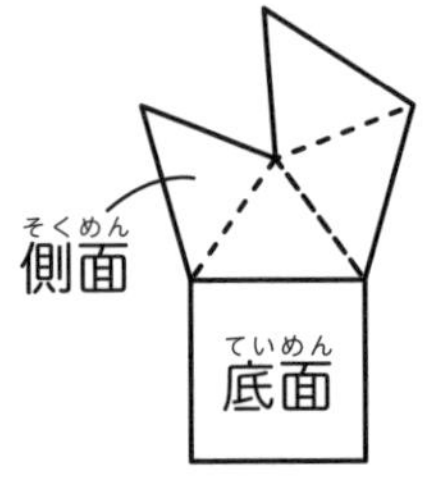

左下の図は四角すいの展開図です。

この四角すいの底面は一辺12㎝の正方形で、**底面積＝12×12＝144㎠**となります。側面は底辺が12㎝、高さが8㎝の二等辺三角形なので、**1つの側面＝12×8÷2＝48㎠**

よって、この四角すいの表面積は次のように求めることができます。

12×12＋12×8÷2×4＝336㎠

（12×12：底面　12×8÷2：一つの側面　4：側面は4つ）

円すいの展開図は、底面が円で側面がおうぎ形になっています。また、側面のおうぎ形の弧の長さは、底面の円周の長さと同じになります。

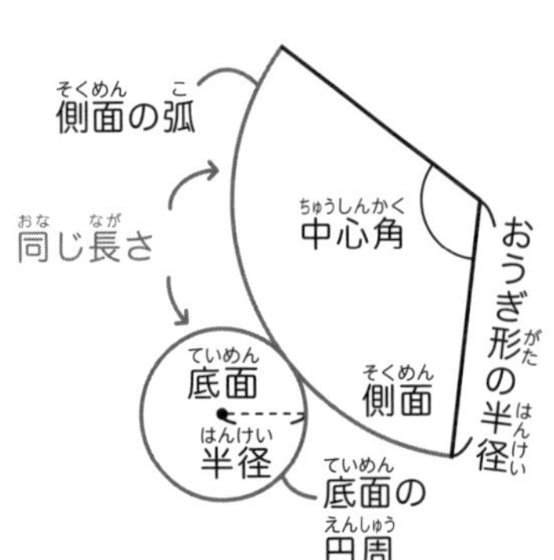

すい体の表面積は、底面積＋側面積で求めることができます。側面のおうぎ形の面積は、

おうぎ形の半径×おうぎ形の半径×円周率×$\frac{中心角}{360}$　（ア）

で求めることができます。

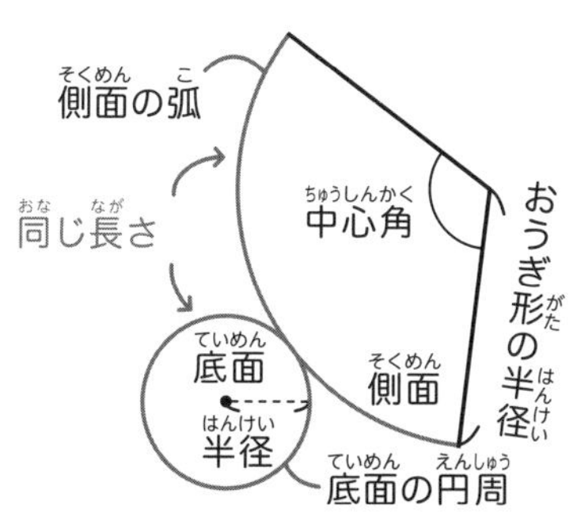

円すいの側面のおうぎ形の面積は、ちがう方法でも求めることができます。

側面の弧の長さと底面の円周の長さが同じなので、おうぎ形の半径と底面の半径と、中心角には次のような関係があります。

円周率×おうぎ形の半径×2×$\dfrac{\text{中心角}}{360}$＝円周率×底面の半径×2

$$\frac{\text{底面の半径}}{\text{おうぎ形の半径}}=\frac{\text{中心角}}{360}$$

これを（ア）の式にあてはめると、円すいの側面積は「おうぎ形の半径×底面の半径×円周率」となり、中心角がわからなくても円すいの側面積を求めることができます。

例 下の円すいの表面積を求めましょう。

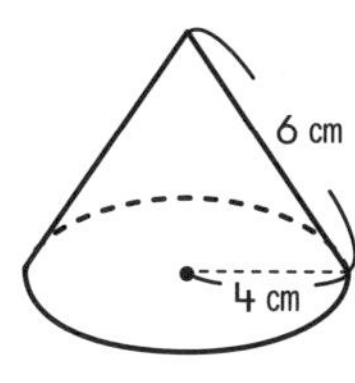

この円すいの底面は半径4cmの円なので、**底面積＝4×4×3.14＝50.24cm²**となります。側面は母線が6cmなので、**側面積＝6×4×3.14＝75.36cm²**

よって、この円すいの表面積は次のように求めることができます。

$\underbrace{4\times4\times3.14}_{\text{底面積}}+\underbrace{6\times4\times3.14}_{\text{側面積}}=125.6$cm²

力だめし

次の図形の表面積を求めましょう。
ただし、円周率は3.14とします。

（1）三角柱

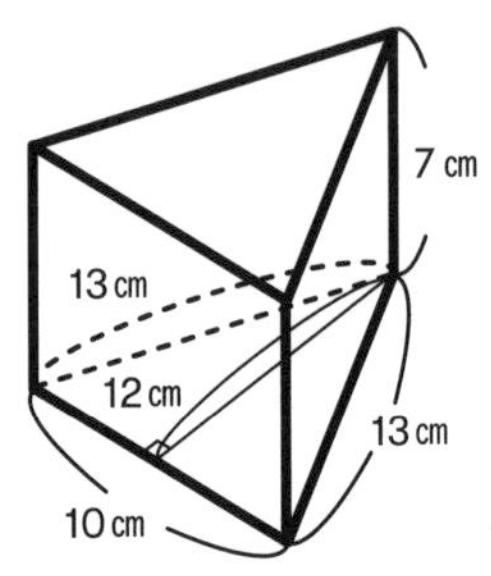

（2）四角すい

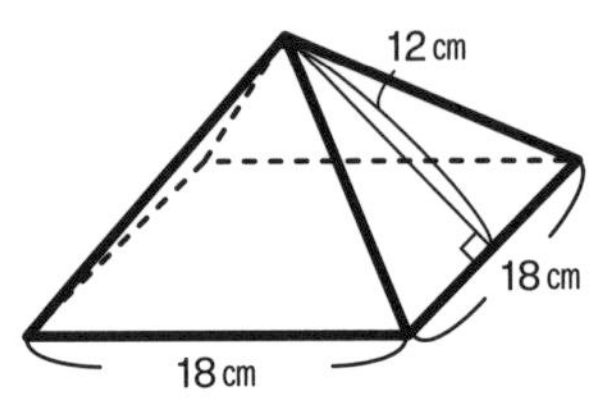

（3）円すい

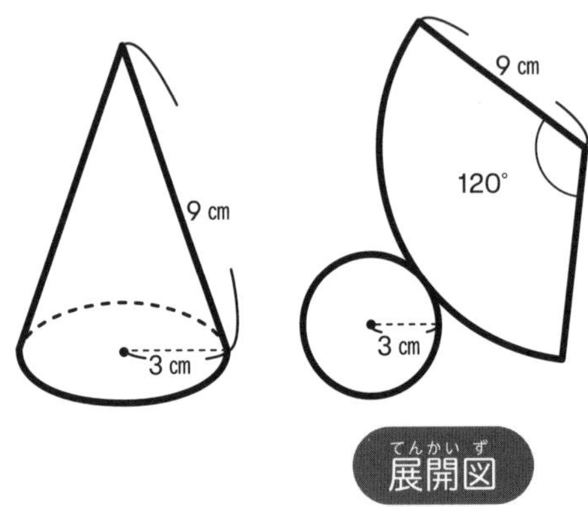

パズル

STEP 色のない面をさがせ！

動画もあるよ！

ルール

❶辺の長さがすべて1㎝の立方体のブロックを使って立体をつくり、スプレーで上面と側面すべてに色をつけます。

❷色をつけたあとにブロックをバラバラにすると、色のついていない面がありました。色のついていない面は全部で何㎠ありますか。平面図、立面図、右側面図をヒントにして解きましょう。

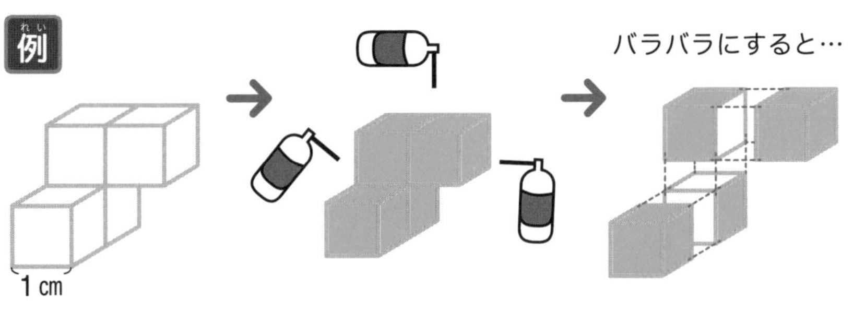

解答と解き方

12㎠

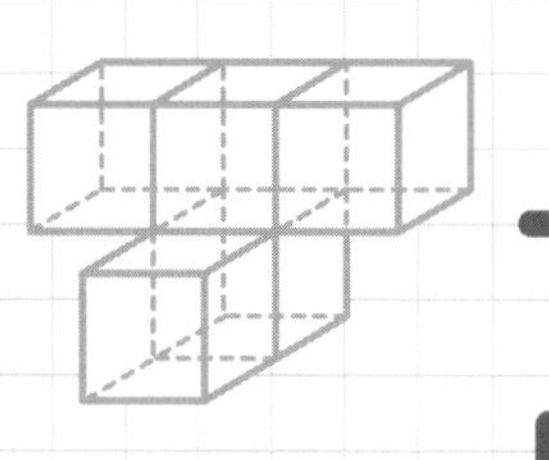

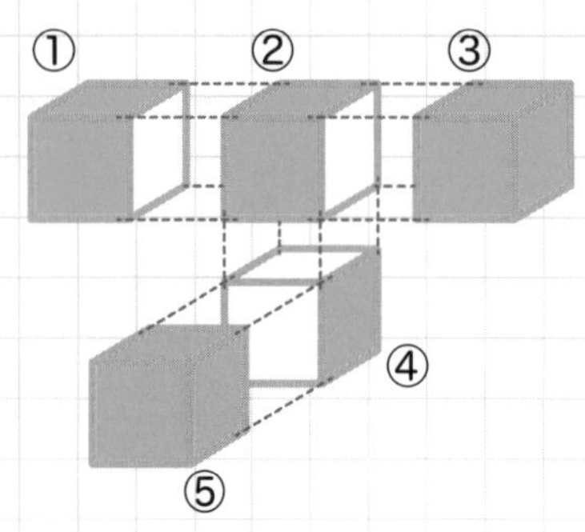

❶ スプレーで上面とすべての側面に色をつけたあと、ブロックをバラバラにして、左の図のように、それぞれのブロックに番号をつけました。

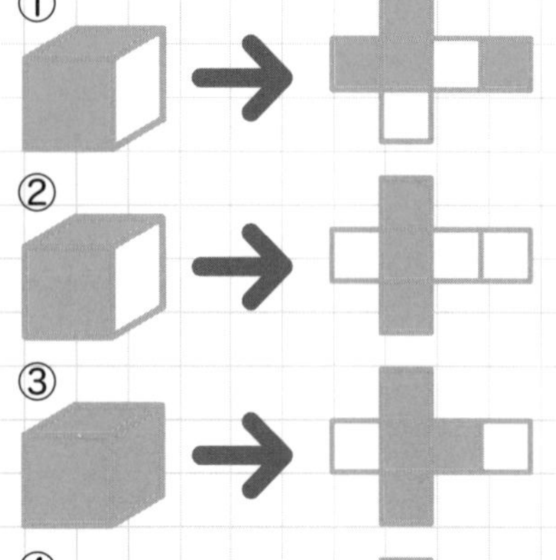

❷ それぞれのブロックを展開すると、左のようになりました。
ブロック同士が接していた部分と下の面には、色がついていません。色のついていない面は、全部で12面あります。
立方体の１辺の長さは１㎝なので、１面の大きさは１×１＝１㎠です。
よって、色のついていない面は全部で１×12＝12㎠あります。

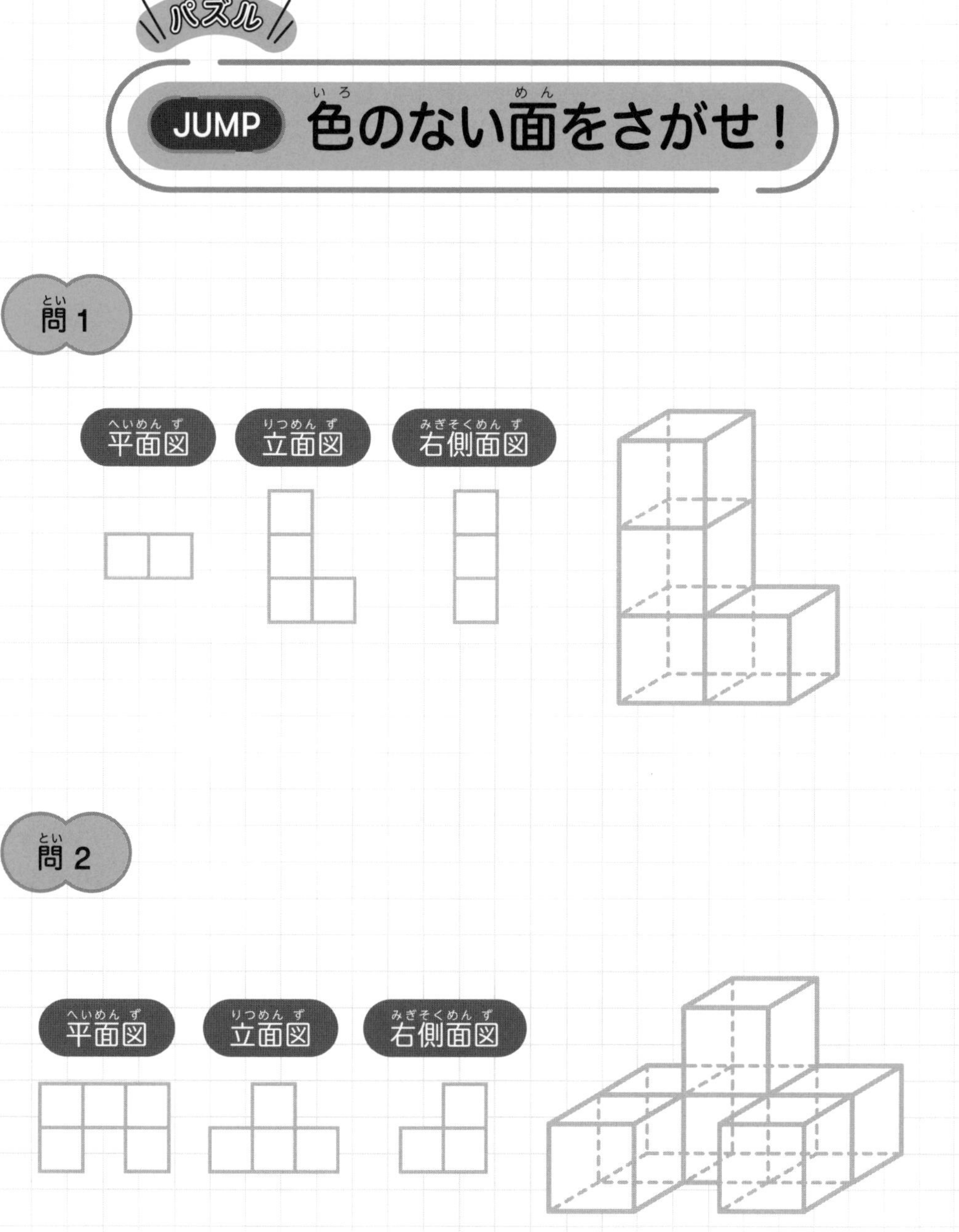
パズル
JUMP
色のない面をさがせ！
問1
平面図
立面図
右側面図
問2
平面図
立面図
右側面図

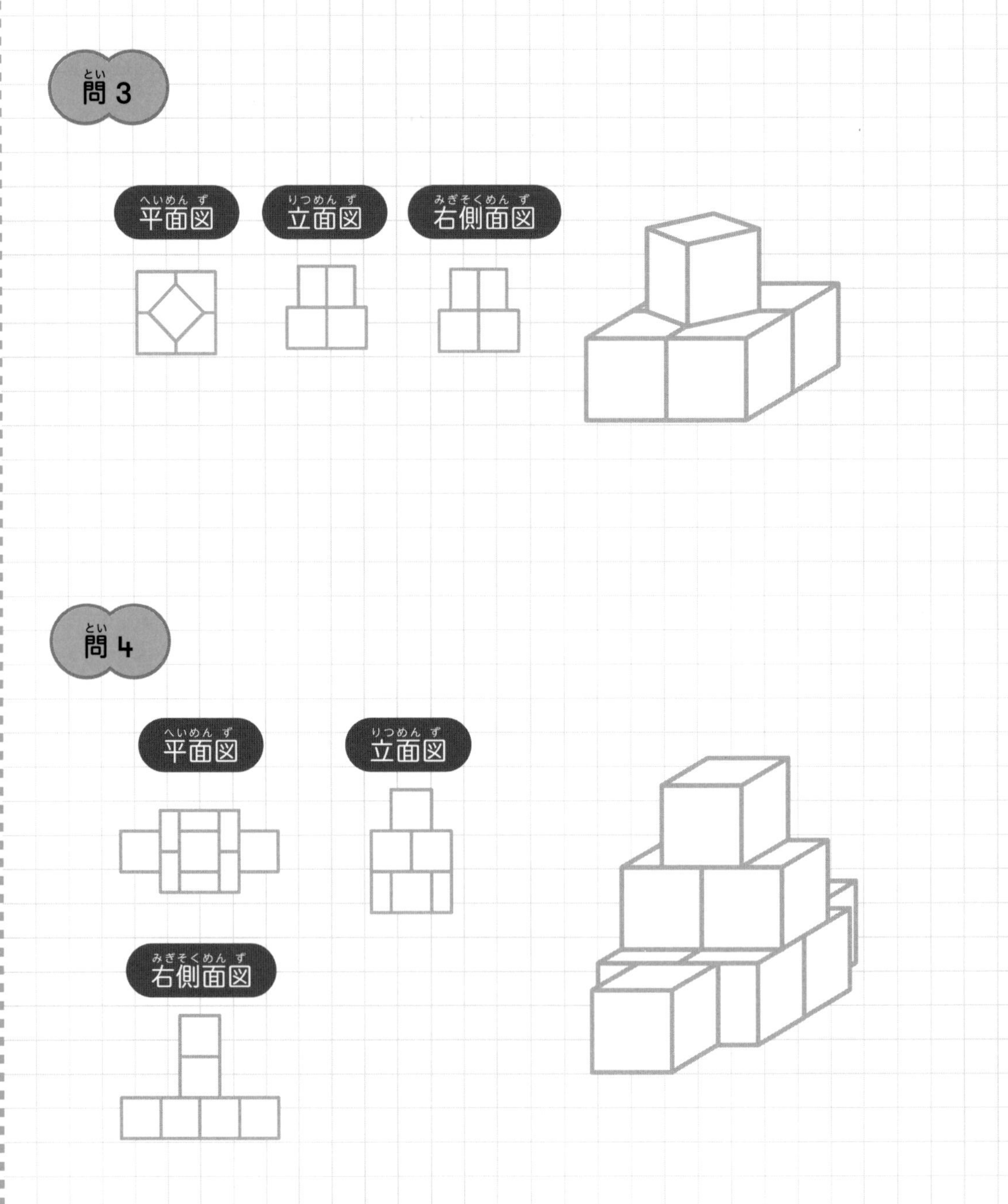
問3
平面図
立面図
右側面図
問4
平面図
立面図
右側面図

パズル

STEP 型ぬきクッキーパズル

ルール

❶ クッキーの生地に型をあて、くりぬきます。

❷ くりぬいた後と前で、クッキー生地の表面積が何㎠変わったかを答えましょう。

❸ ただし、型のサイズが生地よりも大きかったり、幅が小さかったりした場合は、型に入っている生地だけをくりぬきます。

❹ 生地の裏も表面積として含めるものとします。

厚さ3㎝のクッキー生地を、深さが1㎝で一辺が5㎝の正三角形の型で、下の図のようにくりぬきます。

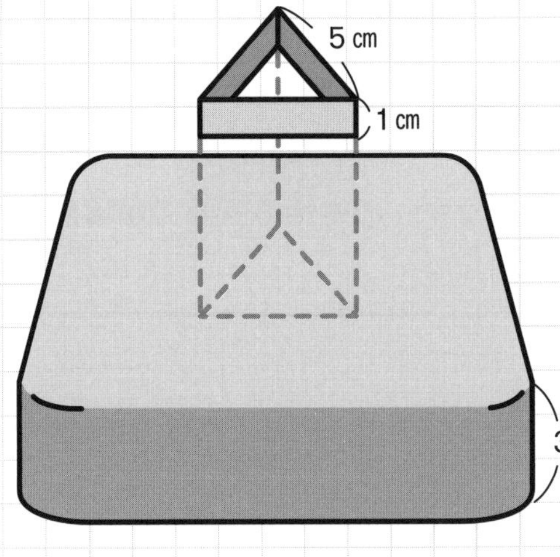

解答と解き方

15㎠

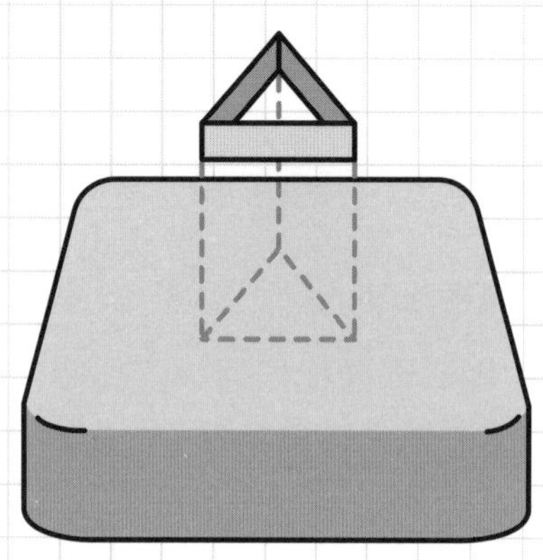

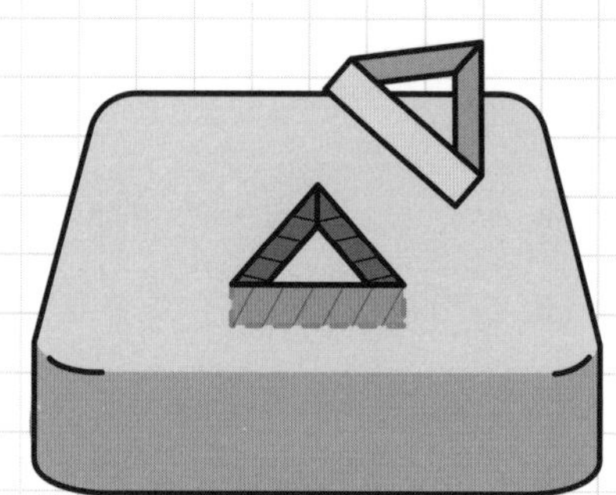

❶ 正三角形の型でくりぬくと、右の図のような形になります。

❷ クッキー生地の厚さは型の深さよりも大きいので、完全にくりぬくことはできません。

❸ 右の図の中の ////// の部分が、変化した分の面積です。

❹ 型の側面部分はたて1㎝、よこ5㎝の長方形なので、
5 × 1 × 3 = 15㎠クッキーの生地の表面積が増えました。

JUMP 型ぬきクッキーパズル

問1

厚さ2cmのクッキー生地を、深さが3cmで半径が4cmの円形の型で下の図のようにくりぬきます。円周率は3.14として計算します。

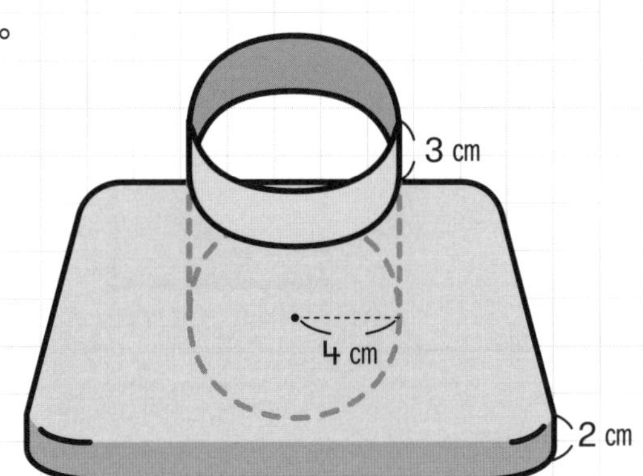

問2

厚さ4cmのクッキー生地を、深さが3cmで一辺が6cmの正三角形の型と、深さが5cmで一辺が6cmの正方形の型で下の図のようにくりぬきます。

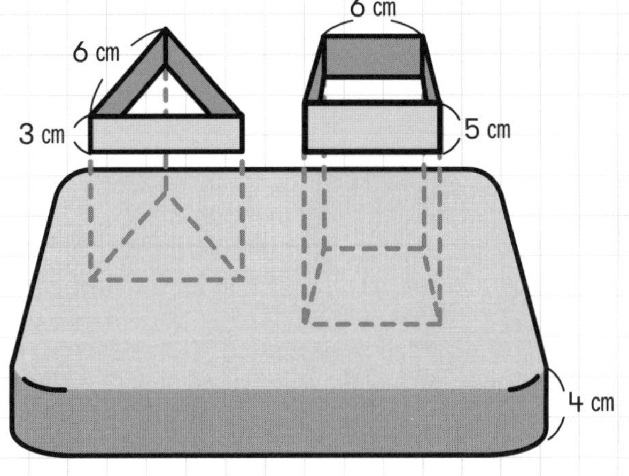

問3

厚さが2cmの部分と、合わせて7cmの部分があるのクッキー生地を、深さが3cmで半径が3cmの半円の型と、深さが6cmで一辺が4cmの正方形の型で下の図のようにくりぬきます。円周率は3.14として計算します。

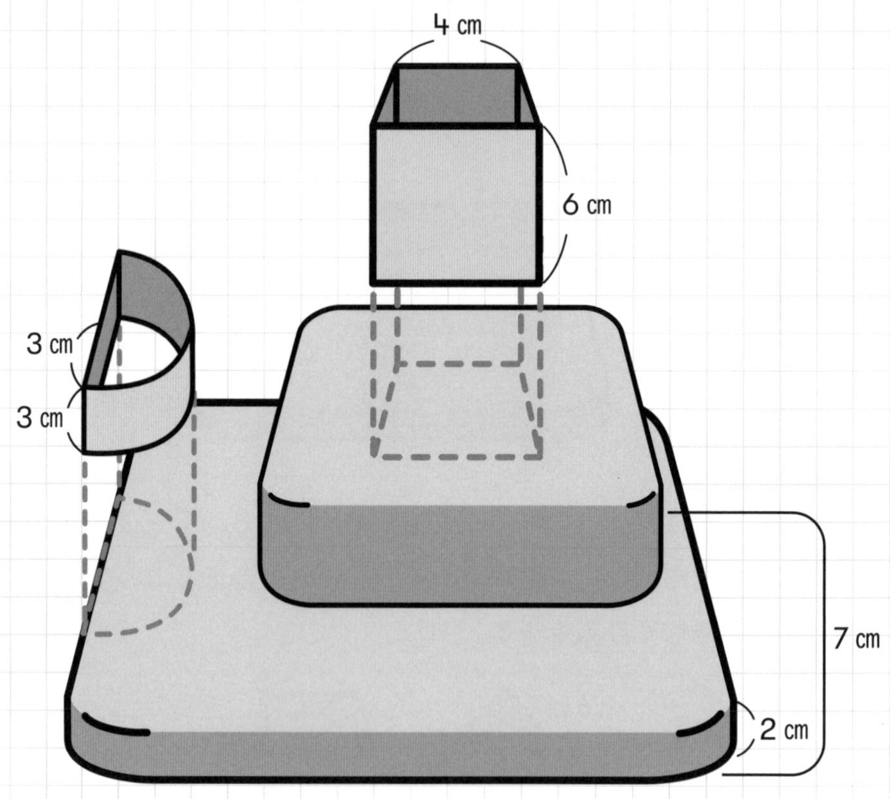

問4 厚さ3cmのクッキー生地を、深さが1cmで半径が2cmの円形の型と、深さが3cmで半径が4cmの半円の型と、深さが4cmで半径が6cmの半円の型で下の図のようにくりぬきます。円周率は3.14として計算します。

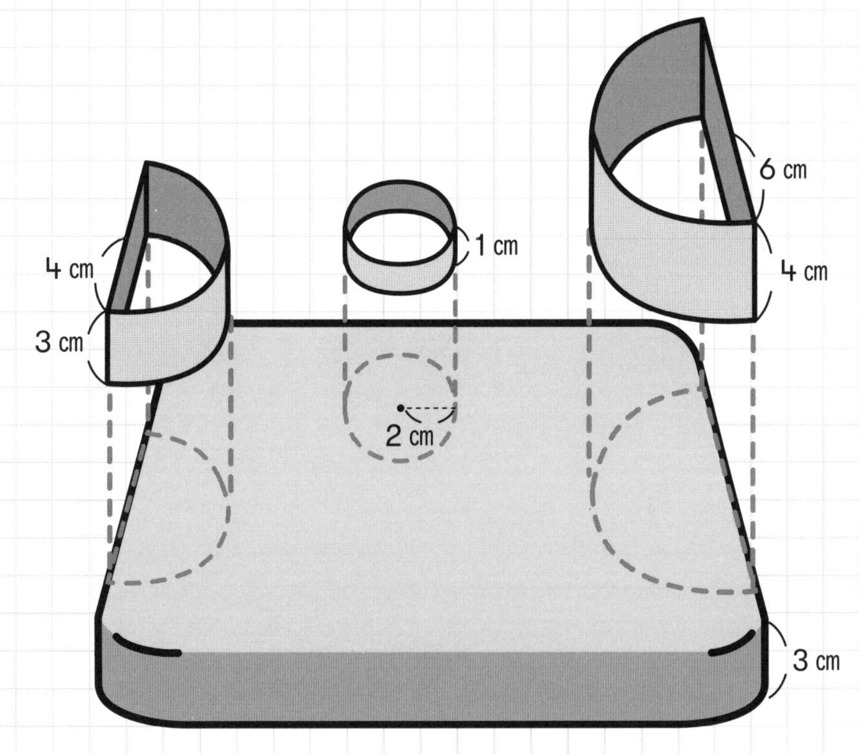

力(ちから)だめし & JUMPの解答(かいとう)

力だめし

問1

（1）372㎠

（2）756㎠

（3）113.04㎠

JUMP／色のない面をさがせ！

問1　8 ㎠

問2　15㎠

問3　14㎠

問4　26㎠

JUMP／型ぬきクッキーパズル

問1　50.24㎠減る

問2　78㎠増える

問3　74.58㎠増える

問4　116.52㎠減る

塩

やみつき三段

天才証明書

おめでとう！

ここまでハマれたキミはすごい！

これからも、友だちや家族みんなで好きなだけ
パズルにやみついちゃってください。

やみつきバンザイ！

ほかのレベルもあるから
挑戦してみてね♪

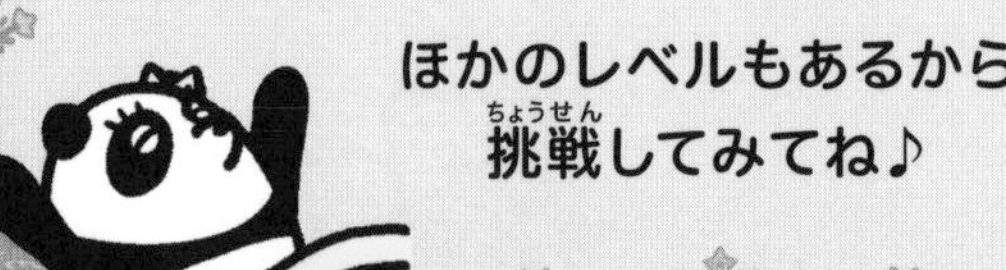

田邉 亨（たなべ・とおる）

りんご塾代表
パズル作家

滋賀県彦根市生まれ。幼少よりさまざまな音楽に没頭。声楽家を目指し音大に入学するも、ボサノバとサンバにハマりブラジル行きを志し、3年次に中退。サンパウロでは日本人街の窮状にショックを受け、早々に渡米。その後、ニューヨーク市立大学とペンシルバニア州立大学でリベラルアーツを学ぶ。
留学中にニュートンの著作『自然哲学の数学的諸原理』と出合い、数学と算数の奥深さにハマったことがきっかけで帰国後の2000年、算数を通じて小学生の天才性を育むため地元彦根市に「算数オリンピック」「そろばん」「思考力」を柱とした学習教室「りんご塾」を設立。独自のパズルを用いたユニークな指導が人気となり、口コミで県外から通う生徒が出るほどの盛況となり、現在は全国に50教室以上を展開中。「難しいことを易しく、易しいことを深く、深いことを面白く」をモットーに、未就学児～小学校低学年に独自の教材で指導。特に小学生にとって最難関と言われる算数オリンピックにおいて、多くの金メダリストと入賞者を輩出し続けている。
全国ネット放送『ニノさん』など、多くのTV・ラジオに出演。『プレジデントファミリー』『AERA with Kids』『朝日小学生新聞』『集英社オンライン』など記事掲載多数。趣味はクラシック鑑賞（マーラー、シューベルト、プロコフィエフなど）。夢は「算数×パズル」で全国の子どもたちを天才にすること。著書に、15万部突破のベストセラーとなった『算数と国語の力がつく 天才!! ヒマつぶしドリル』（学研プラス）シリーズがある。
本書は、20年超にわたり算数の天才を育てる原動力となっている塾のオリジナル授業を書籍化したもの。

りんご塾ホームページ
https://ringo-juku.net/

小学校6年間の算数をあそびながらマスター！
やみつき算数ドリル［むずかしめ］

2024年1月5日　初版第1刷発行

著　者　田邉亨
発行者　小山隆之
発行所　株式会社実務教育出版
〒163-8671 東京都新宿区新宿1-1-12
電話 03-3355-1812（編集）　03-3355-1951（販売）
振替 00160-0-78270

企画・編集　小谷俊介
装丁　渡邊民人（TYPEFACE）
装画・本文イラスト　寺崎愛
本文デザイン・DTP・図版制作　Isshiki
パズル解説動画制作　（株）城南進学研究社

印刷・製本　図書印刷

ISBN978-4-7889-0973-1 C6037